U0909134

20几岁要懂的心理策略

郑一 ◎编著

中国纺织出版社

内 容 提 要

社交活动与心理学有着千丝万缕的联系，掌握心理学的相关原理、效应和方法等，可以让你在与人交往时更加轻松。

本书从心理学的基本原理入手，配以诸多鲜活的案例，揭开心理效应、心理定律等心理学知识的神秘面纱，详细分析影响生活的心理学现象。作者用简明的语言说明深刻的道理，深入浅出地将心理学知识教给每一位读者，让原本深不可测的心理学变得一看就懂、一学就会，是一本帮助年轻人丰富内心世界，实现事业和人生飞跃的制胜宝典。

图书在版编目(CIP)数据

20几岁要懂的心理策略／郑一编著．—北京：中国纺织出版社，2016.1（2023.10重印）

ISBN 978-7-5180-2171-0

Ⅰ．①2… Ⅱ．①郑… Ⅲ．①心理学—通俗读物

Ⅳ．①B84－49

中国版本图书馆 CIP 数据核字(2015)第 274625 号

责任编辑：闫 星 责任印制：储志伟

中国纺织出版社出版发行

地址：北京市朝阳区百子湾东里 A407 号楼 邮政编码：100124

销售电话：010—67004422 传真：010—87155801

http://www.c-textilep.com

E-mail:faxing@c-textilep.com

中国纺织出版社天猫旗舰店

官方微博 http://weibo.com/2119887771

新乡市龙泉印务有限公司印刷 各地新华书店经销

2016年1月第1版 2023年10月第4次印刷

开本：710×1000 1/16 印张：17

字数：248千字 定价：78.00元

前言

生活中，我们每个人到了二十几岁后，就意味着要面临完全不同的人生，昔日，我们可以和同学、玩伴打打闹闹，但现在你要面临残酷的社会竞争；从前，你的老师、家长会指导你处理生活和学习上的困难，但现在你要独自面对；过去你的生活圈子只是学校和家庭，但现在你要进入社会，成为社会的一分子……

一些年轻人感叹，做人做事实在太复杂了，仿佛用尽浑身力气，也无法达到完美。其实，说话做事是一门艺术，正如我们追逐成功一样，如果我们找不到中间的方法和门道，那么，无论你再努力，也是徒劳。其实，年轻人之所以在工作和人际关系上感到不顺，是因为他们不懂人心，不懂得如何参与人际间的心理博弈。

当然也有一些年轻人，他们看起来并不是能力突出，外貌也不出众，但在他所在的圈子里，他就是如鱼得水，就是“混”得好，仿佛无论他到哪里，都受到欢迎，他们总是能受到上司的器重、客户的关照，所以，他们比别人更容易成功。为什么会有这样大的区别？因为前者不谙心理策略，而后者却能做到在与人交往中把握人心。

其实，人际交往，都离不开心理学这个范畴，每时每刻都在上演着一幕幕心理博弈。这正如法国文学家罗曼.罗兰所说：“人类的一切生活，其实都是心理生活。”

所以，因此，生活中的每一个二十几岁的年轻人，都应该懂点心理策略，它可以使你摆脱无所适从的困惑；它可以让你具有认清环境和辨别他人的能力，它可以使每个人在风云突变之际，看透周围的人与事，看破一个人的真伪，洞悉他人内心深处潜藏的玄机，以不变应万变，进而指导你怎么说话、怎样做事，让你从容应对各种人际关系，不再四处碰壁，牢牢地掌握人生的主动权，创造属于自己的幸福人生。

本书立足现实，全方位地为刚刚离开学校、步入职场和社会的年轻人指出如何运用心理策略处理在工作和生活中遇到的问题，如何改变自己的命运，如何实现青涩到成熟的转变，从而收获幸福的人生，这本书值得每个年轻人用心阅读，翻开本书，你会感到其好似一位前辈在那里口若悬河而又言之有物；书的章法严紧，逻辑顺畅，只要你认真阅读它，细心体会它，你就能学会一些最实用的心理策略，从而帮助你更易被人接纳、尊重，并获得帮助，让你在工作和生活中更顺心，最终实现自己的人生目标。

编著者

2015 年 9 月

第一部分　迅速赢得人心的心理策略

第二部分 引导对方的心理策略

第四部分　职场顺风顺水的心理策略

第五部分　收获甜美爱情的心理策略

第一部分

迅速赢得人心的心理策略

第1章　初见投缘，如何给对方留下好印象

在现代快节奏的生活中，社交已经成了人们联络感情、进行商业洽谈的最便捷方式。社交场上的人形形色色，如何让自己在第一时间便能够凸显出来，引起他人的关注，往往是决定社交成功与否和结识朋友多少的关键，因而我们必须学会在最短的时间里让他人印象深刻的技巧，你可以通过不同的展现自我的方式来吸引他人，加深他对你的印象，进而影响他对你的认知和判断，达到让人过目不忘和顿生好感的目的。

年轻人装扮得体，赢得良好印象

美国的一位总统礼仪顾问威廉·索尔曾经说过这样一句话："当你走进某个房间，即使房间里的人并不认识你，但从你的服饰外表他们可以做出以下十个方面的推断：经济状况、受教育程度、可信任程度、社会地位、成熟度、家族经济状况、家族社会地位、家庭教养背景、是否成功人士以及品行。"外表的装扮确实可以体现出一个人很多的自身信息，对于男性和女性来说，大方得体的装扮都是同等重要的。如果想让自己首先映入对方的眼帘，必须要审视自己的装扮是否大方得体。

一个人的装扮不仅只是外表形象，还直接体现出他的气质修养，反映他的心理状态和生活态度。在人际交往中，人人都会遇到第一次见面、第一次谈话的陌生人，如果你想给对方留下深刻的第一印象，那就要从自己的装扮上入手。大方得体的装扮能够体现出你的心理状态和生活状态，对方看到你的装扮，便想对你有深入的、详细的了解，你大方得体的装扮让对方对你充满兴趣。

现今很多不同年龄段的男性和女性都不知道应该如何装扮自己，不知道怎样的装扮让自己首先映入对方的眼帘。针对大多数人的这个疑问，心理学家归纳出以下几点，做出了详细的回答，并且针对处于各个年龄段的男性段和女性提出了很多很好的建议。

第一，各个年龄段的男性装扮。

20 岁的男性大多都好动，像个孩子，喜欢追求生活情趣，偶尔调皮幽默，

对未知世界充满了好奇和挑战。在装扮的选择上，不妨多选择一些性感、张扬、艳丽风格的服装，因为相对黑白色材质一流、中规中矩的服装来说，它们更能让这年龄段的男性个性十足。建议20岁的男性，装扮得张扬一些比较好，让对方感觉到你的青春活力。

30岁的男性对眼前的世界已经非常熟悉，但是他们也有不少困惑。拿得起，放不下，是这个年龄段的男人共有的特性，对于未来的世界，他们还需要进一步探索。装扮选择上宜选择严谨和冷静型，以便让自身看起来沉稳但不失时尚感。建议30岁的男性，装扮得严谨一些比较好，让对方信任你的为人处世才能。

40岁的男性感到的是一种深深的责任。这个时候，他们经历了许多，也得到了许多，同时也错过了许多。在人际关系方面，一张属于自己的社会关系网已经建立起来，很多事情都得心应手，事业成功者更是表现出非凡的稳重和能够包容一切的大气。装扮上同样不需要老气横秋，而是要彰显时尚气息。建议40岁的男性着装要大气，给人以亲切感，并且在不知不觉中会得到对方更多的依赖。

50岁是男性的黄金年龄，同时这个时候他们最害怕青春的消逝。这个时候，他们有更多的时间回忆年少时分，却在现实的生活中寻找更多的突破点。50岁的男性有时候是矛盾的，却也是可爱的。装扮上宜选择那些剪裁一流的款式。建议50岁的男性，着装倾向高档化，让对方感觉到你的成就，从而对你产生敬仰。

第二，各个年龄段的女性装扮。

20岁的女性年轻、娇美，需要勇气。适宜装扮包括瘦腿长裤、低领上衣、高跟鞋、厚底鞋、渔网袜、短裙、假睫毛、鲜艳指甲油、戴夸张造型的首饰，洒清淡的花卉香氛。20岁的女孩可以尽情地穿自己喜欢的色彩，一件舒适的夹克搭配一条随意的牛仔裤。忌穿过于成熟的服饰、化浓艳的妆。多置新装，不同风格的装扮，让对方每天看到不一样的你，并被你吸引。

30岁的女性风华露浓，自信、成熟。适宜装扮包括套裙、短裙、腰身合体的衬衫，鲜艳的颜色，高品质的皮鞋，戴钻饰，梳极短或极长的发型，洒适合个人品位的香氛，穿条纹图案织物，彰显柔软女性美的连衣裙、长裤等。忌穿孩子气花裙、超短迷你裙、方格花布或皱布做成的没有收腰的连衣裙，戴珍珠配饰，不穿文胸，梳中长度发型。装扮可适当有自己的风格，让对方第一眼就喜欢你的独立气质。

40岁的女性自然、得体，高雅潇洒，能够坦然面对人世间，不作矫饰。简单而好质地的衣物最能表现此时的优雅风度。适宜装扮包括及膝短裙，低跟鞋，棉布、麻、丝质长裤，合体套装，化自然的妆容，保持柔润的发质。让你的优雅第一时间抓住对方的眼球。

50岁的女性到达知天命之年，装扮上也应随之回归自然，以朴实、素净为主。建议切忌化浓妆，让你的自然得体给对方留下好印象。

大方得体的装扮可以给人自信。平时喜欢装扮自己的人大多办事谨慎，追求完美，很少犯一些不必要的错误，任何事情上想法周到，如果想让自己成为别人观看的亮点，想在装扮上直接获得别人的欣赏，那就要对自己的装扮多花一点心思，给对方留下深刻的第一印象，同时也给自己留下好心情。

谁都喜欢见面微笑和打招呼的年轻人

在我们日常的人际交往中，要想达到自己的目的，获取对方的好感和信任，其实并不需要你有多高的学历，多好的口才，多高的成就。如果你懂得心理操纵术，能够从细微处注意方式方法的话，同样也可以达到自己想要的目的。和对方交往，第一印象很重要，如果对方对你的第一印象足够好的话，便会主动和你交往，所以一定要重视。曾经有一位心理学家说过："遇见陌生的对方，一个亲切的微笑，一个适宜的招呼，都可能会给对方留下极好的印象"。其实只要我们注重一些日常的小细节，如一个亲切的微笑、一个适宜的招呼，便可以成就你的好人缘，达成自己的目标。

文倩是个挺在乎同事关系的人，可是在工作中，她总感觉到同事们并不是很喜欢她。而单位里的另一个女孩却非常有人缘，她没当主管的时候，同事们都很喜欢她，她当上主管之后，同事们还是像之前那样喜欢她。文倩的心理很矛盾也很烦恼，不知道自己要怎么做，才能让同事们喜欢自己。于是，她去找了心理学家咨询，心理学家听了文倩的这个烦恼之后意识到，这个女孩子确实在人际交往中遇到了麻烦。

为了带领文倩一步步探寻出导致同事们不喜欢她的真实原因，他笑着说道："我们先不去管那些大道理是怎么讲的，你能仔细想想那个同事们都喜欢的女孩有哪些表现吗？"文倩想了一会儿说："也没有什么啦，只是她在与人交往时总是面带微笑，和每个人打招呼。"

这时心理学家说："关键就是在于此，微笑和打招呼也是一种很好的交际方式。心理学发现，人们最容易给习惯微笑和打招呼的人以回报，这几乎是人的一种本能。人际交往中的微笑和打招呼是挂在路口的一块路牌，面带微笑和对方打招呼等于在告诉别人此路畅通，对方可以安全驶入。面目呆板和不理不会等于在告诉别人此路不通，那别人自然会远离了，即使你内心中有多么大的热情，对方都不能感觉到。所以说，微笑和打招呼是人际交往中最好的通行证。你懂得这个心理策略的话，便可以和同事们友好相处了。”

听了心理学家的一席话，文倩受益匪浅。在之后的日子里，她按照见人面带微笑、打招呼的这个方法去做了，结果她的人缘在公司中迅速提升，大家都愿意和她交流了。文倩终于解决了自己的烦恼，同时也懂得了与人相处的最基本的心理策略，那就是要对每一个人亲切微笑，适宜地打招呼。

“笑”是人类独有的天赋，也是人所共有的天赋。无论贫富贵贱都一样，笑容用之不尽，取之不竭，关键是你用还是不用，用多还是用少。一声友好的招呼会使对方感到轻松，增进说话的融洽气氛。你的微笑和打招呼同时也表示出喜欢、接纳以及想和对方交往的意思，对方感觉到你的亲切，便会友好地和你交往。心理学家教会了文倩这个简单而好用的心理策略，让她拥有了好人缘，确实给她带来了好的人际交往关系。

一个亲切的微笑能很快缩短你与他人之间的距离，一个亲切的微笑能使本不相识的两人很快成为朋友。适宜的打招呼是一个人有礼貌的基本举止行为。这两个小小的举动结合在一起，就会让别人对你的印象更深刻，增强你在对方心中的地位，让你的社交一帆风顺，也能够让你在这个五彩缤纷的世界上生活得更加安逸。

抓住人心，先要从简短而特别的自我介绍开始

在现今的人际交往中，自我介绍的环节必不可少，现在自我介绍在面试单位、在考试院校、在交朋友的过程中越来越被重视，你的自我介绍是否精彩，直接反映了你这个人是不是有工作能力，是不是有才华，是否适合做密

友，自我介绍成了别人评价你的凭借。如果你的自我介绍简短而特别的话，你便会在对方的心目中留下好印象，对方也想对你有更深刻的了解。

在竞争日益激烈的现在社会，每个人都极力想抓住每一个表现自我的机会，想在大众面前展现自己的能力和专长，对于自我介绍也开始追求新意，不再局限于之前习惯的比如“我叫某某，我来自哪里，我的专业是什么”等一系列的一成不变的说法。针对这样的现象，心理专家说：“现在是创新的年代，一切都有自己的想法和思路是很好的，自我介绍有特点一点，确实可以抓住对方倾听下去的心，但一定要记住，要符合实际，不可长篇大论，做一个简短而特别的自我介绍是最能够给对方留下好感的。”心理专家还为我们列举和分析了以下几种自我介绍的利弊。

第一，没有具体的介绍。

自我介绍时，最普遍、最严重的毛病，是一些人根本没有介绍自己的具体情况，缺乏起码的要素，缺乏基本的信息。许多人只在开头点了一句“我叫某某某”，之后就完全离题，空发议论，没有任何属于个人的事实。还有人连自己姓甚名谁、家住哪里、年龄几何都不提，该讲的不讲，却大谈什么“人生”、“坎坷”、“梦想”之类，完全是文不对题、华而不实，纯粹是作秀表演。

心理专家分析这个案例说：“自我介绍就是严格意义上的自我介绍，是你在向别人介绍自己，所以要完全靠材料取胜，用事实说话。介绍时，最好每一句话都有你个人的特色，这个特色应该只属于你而不属于别人。介绍时，最好每一句话都有信息点，依据事实，自己应该少发议论，少作评价，让自我介绍简短一点。对方自会从你的自我介绍中得出总体印象。”

第二，只有空洞的抒情。

有些人擅长抒情写作，在自己的自我介绍上片面地追求所谓的“文采”和“哲理”，于是自我介绍就成了文绉绉的“抒情文”。表面上自我介绍很有文采,很浪漫,其实都很空洞,没有实际内容,对方也不能从中直接了解你的经历。

第三,盲目的模仿。

有些人找来别人好的自我介绍的内容运用在自己身上,盲目照搬,看上去牛气冲天,实际上千篇一律。常见的套话有:我聪明,我活泼,我大方,我自信,我就是我,一个小小的我,一个独一无二的我,我不一定是最优秀的,但我一定是最努力的,给我一个支点,我将举起地球,走自己的路、让别人说去,我的未来不是梦等之类,其实这些都是大家日常生活中太熟悉的话了,再用在你的自我介绍中没有一点特别的味道,这些话用多、用滥了,就显得啰唆、俗气了。

第四,过多地倾诉自己的理想。

有的人在自我介绍中倾诉自己的理想,篇幅太长,比重过大。许多人刚讲了姓名、年龄,就迫不及待地讲自己的理想,其实对方对你的理想并不感兴趣,你说得越多,越可能招来别人的反感。

以上四点都是在自我介绍中大家经常出现的问题,心理专家为我们列举出来的目的便是希望我们能够抓住对方的心理,用最好的自我介绍方法赢得对方对你的好印象,最后心理专家给出了一名学生写的,一个很简短很特别的自我介绍,希望大家可以学习。

"我从小到大爱好特别多,却没有一项成为我的特长。琴棋书画,只略知其一。小学时得过些奖。在市英语科技竞赛中,一、二、三等奖各获过一次。在新加坡数学竞赛中获过三等奖,钢琴过了九级。中学后便无一所获。目前无大志,只把心胸豁达作为最高追求,喜爱金庸先生之《笑傲江湖》及李白、辛弃疾之诗词。愿今后不负自己及家长之望,小事开心、大事顺利。"

心理专家分析这个自我介绍说:"这篇自我介绍语言十分简练,以时间为顺序，重点叙述了他三个时期的不同情况，即在幼儿时期、小学时期和中学时期的情况，而且简要地叙述了自己的性格、爱好、特长以及取得的成绩。可谓重点突出，详略得当，语言不仅简练，而且诙谐、生动。像这样的自我介绍需要我们每一个人去学习他的优点。”

一个好的简短而特别的自我介绍是你打开人际关系的开门锁，想让别人对你印象深刻，必须要抓住别人的心理，在自我介绍上好好下一番工夫。

年轻人举止优雅，更易吸引他人的关注

现代社会高度重视社交，优雅的举止则是社交中最重要的制胜因素，它代表着一个人的精神状态、睿智和学识修养。拥有了优雅的举止，你就能在现代社交活动中吸引对方的关注，可以跟他人进行充分的交流和有效的沟通，增进彼此的了解，最终达到互助合作的目的。

心理学家曾经表明了优雅举止的重要性，分为以下三点做了详细的阐述。

第一，优雅的举止是走进他人心灵的通行证。

无论是你的长辈，还是你的同龄人，他们的心都是向举止得体、彬彬有礼的人打开的。态度生硬、举止粗俗只会使人倍生厌恶之情、憎恶之感。

第二，优雅的举止与获取他人的尊重息息相关。同时具有这种个性品质的人也更易取得成功。

每个人都希望得到别人的尊重，又有谁会去尊重一个粗俗之人呢？我们只会把尊敬的目光投注到那些举止优雅的人身上。因为他们优雅的行为

举止总能使人愉悦畅快，别人则会尊重他，喜欢接近他，也愿意帮助他，再加上举止优雅的人心平气和，善于克制，具有耐心和毅力，因而较易取得成功。而粗俗的人总会以生硬粗鲁和令人厌恶的行为举止，给自己和周围的人带来莫名其妙的烦恼和痛苦，许多人一辈子都在与自己制造的种种麻烦斗争。他们的任性、倔强和粗暴使他们与成功无缘，却永远与苦恼和麻烦形影不离。

第三，培养举止优雅的个性品质有助于身心的健康发展。

中国的古代医学典籍中有许多关于情绪与健康关系的论述。如中医中的人情学说、阴阳人格学说以及以情取胜的中医治疗理论，都将情绪的平衡和稳定视为人健康的标志。而只有优雅举止的人才能保持情绪的平衡和稳定，获得身心的健康。

心理学家曾经给出一套心理测试题，这套测试题可以帮助你了解别人对你的举止的看法。

(1)准时。

(2)彬彬有礼。

(3)饭桌上行为得体。

(4)不顶嘴。

(5)不打断别人说话。

(6)把“请”和“谢谢”挂在嘴边。

(7)收到礼物后，写回谢条。

(8)耐心地等待轮到自己。

(9)随时随地体贴照顾人(如替人开门等)。

(10)尊敬和关心他人。

计分办法，以上 10 种情节，你总是照做的话加 5 分，大多数时候照做的话加4分，偶尔照做的话加3分，很少照做的话加2分，从来不这样做的话加1分。最后得到50分的为完美，35分以下的就要多加注意自己的举止了。

曾有一位英国大主教说过："高尚的品德一旦与不雅的仪表举止连在一起，也会使人生厌。"优雅的行为举止无疑能使一个人在社会交往中更加轻松愉快，洒脱自然，从而有利于事情的成功。一个人的一举一动，一言一行，优雅的举止言行，会使人风度翩翩，令人肃然起敬。这种行为举止乃是一种表现或交际的形式，想要受到别人的关注，必须牢记得体的举止和优雅的风度是走近他人的通行证。

很多的人会问，何为优雅的举止？心理学家列出了成为一个真正拥有优雅举止的人需要注意的和遵循的事项。

第一，要有绅士风度。

这不一定指男士照顾女士。任何人对同性、异性都应有一种关怀之心，对老幼孕病残更应如此。为对方开车门，上车前礼让，将手放在出租车门上防止对方头部碰伤，等等。在这些细节里其实都有公认的优雅做派。

不在公共场合吸烟，不醉酒，喝汤不出声，咀嚼时不说话，也是基本的礼仪。

身体力行环保更是必须的。你可以自备布袋子购物，垃圾一定扔到垃圾箱里。在比较重要的场合或者名胜古迹，将地上比较显眼的垃圾扔进垃圾箱。放得下身段会让你更受人尊敬。

第二，要注意分寸。

懂得在什么地方注意什么礼仪，只有先礼貌了才可能举止优雅。优雅又有一种矜持的味道，所以为人处世不可过分热心，做到多思而寡言，三思而后行。要把"请"、"对不起"、"谢谢"等字眼经常挂在嘴边。接电话时的第一句"喂"可以用"您好"代替。

第三，要注意自己的生活氛围。

不能太市侩，也不用刻意追求贵族化。房间里多放点诗书便有书香气。而无论住在怎样的环境里，都要与人为善。修身养性，在工作等俗务之外保有自己的世界，你会觉得自己与众不同。

心理学家说："需要注意的是优雅的举止在实践过程中的具体实施，要因时因地，灵活多变，必要的时候还要入乡随俗，不能拘泥于某一套礼仪形式。"一个人的优雅举止一定要入乡随俗，不能只凭借自己的想法，这样才能够得到各种类型人的欢迎。

张晓梅曾经说过："在社交场合，品位出众、举止修饰特别的人往往是最引人注目的。她们的每一次装扮、一举一动、一颦一笑，都会给人以愉目的享受。"举止优雅确实能够反映一个人的文明程度和礼貌素养，可以拓宽我们交往的渠道，可以使我们有更多、更好的谈话伙伴，所以这个在一分钟内提升自己的心理策略一定要牢牢把握。

有个性的年轻人更易吸引他人目光

马登曾经说过："个性是一个人区别于另一个人的所有优秀品质在他身上的一种独特的融合。"我们每个人都是一个独立的个体，生来就和别人不一样，我们与生俱来拥有区别于别人的独特个性，在现实生活中，没有必要硬把自己纳入别人个性的模式中去，因为适度表露自己的个性是一种个性的解放，是一种理性的选择。心理学家提倡大家保留自己与众不同的个性，这样更容易吸引他人的目光。

现实生活中有许多人感觉到自己的性格好像和别人就是有点不一样,任何事情一般都是按自己的想法和要求去做。就在简单的穿衣着装上,也不喜欢自己穿得太大众化,不喜欢和别人一样的风格,这个时候他们会考虑一个问题,是不是自己的性格太过于另类呢?针对大多数人这样的想法,心理学家给出了明确的回答:“以上所述说明你是一个具有与众不同个性的人。个性就是你和其他人所不同地方的综合,比如,你的容貌、你脸上的表情、你的声调、你所穿的衣服、你的知识和智慧、你的兴趣和爱好、你的心态、你的行为、你的性格、你的习惯、你的作风、你的品质,等等。当你在乎这些的时候,说明你注意到了发挥自己的个性,同时有个性的人在现今的社会中更能够得到他人的关注。如果你不确定自己拥有什么样的个性,下面为大家出个简单的测试题,可以让大家从中详细地了解自己。”

我们每个人都会有自己最喜欢吃的水果,其实吃的水果与你的个性有关。现在有八种水果,樱桃、梨、橘子、苹果、柚子、香蕉、草莓、葡萄,现在从中挑选一个你最喜欢吃的水果,便可以看出你自己具有怎样的与众不同的个性,你的个性是否吸引对方的关注。

樱桃:樱桃中铁含量很高,有补虚养血的功效,特别适合女性。吃樱桃还能减轻疼痛感。爱吃樱桃的人善于理财的个性很突出,但容易感到寂寞,害怕孤独,所以你结交的朋友会很多,对方被你的个性而吸引。

梨:梨是精力十足的水果,富含维生素 A、B、C、D、E 和微量元素碘,能够帮助器官排毒、软化血管。爱吃梨的人很有才华,精力充沛,认定的事情绝不轻言放弃,这种做事执着的个性很突出,但有时过于顽固,所以当你顽固到底的时候,会使对方感到很头痛。

橘子:常吃橘子可以降低患病概率。爱吃橘子的人感情丰富,具有亲和力,但有时非常情绪化,态度让人捉摸不透,这种类型人的个性不可捉摸,很

少有人会主动与之接近。

苹果:吃苹果让人有饱腹感,是水果中最务实的,还可以预防癌症,有效消除自由基,降低癌症发生率。爱吃苹果的人务实,做事冷静、有计划,不怕艰苦。唯一的缺点是自尊心强,当你放下你的自尊心,你的个性能够吸引更多的人。

柚子:柚子的果胶能降低低密度脂蛋白,预防动脉硬化和心脏病,促进运动中受伤的组织器官恢复健康。爱吃柚子的人身体健康、有很好的运动细胞,但自我意识太强、个性急躁,不易受到别人的关注。

香蕉:吃香蕉能帮助内心软弱、多愁善感的人驱散悲观、烦躁的情绪,保持平和、快乐的心情。爱吃香蕉的人外表坚强、内心软弱、多愁善感,个性里在意别人对自己的评价,让自己表现得很完美,所以会给别人留下美好的第一印象。

草莓:生长过程中易受污染,吃之前要经过耐心清洗。爱吃草莓的人开朗乐观,非常自信,会享受生活,能够吸引他人所有的目光。

葡萄:葡萄皮和葡萄籽比葡萄肉更有营养,葡萄籽中含量丰富的增强免疫、延缓衰老的物质OPC(花青素),进入人体后有85%被吸收利用。爱吃葡萄的人善于交际,组织能力强,而且不会锋芒太露,懂得保护自己,这样的个性让别人对你无法抗拒,目光肯定都会落在你的身上。

拿破仑·希尔说:“个性是一个人的心理、精神及身体特质和习惯的综合,是如何影响周围人们的一项可贵的资产,它决定一个人与别人不同,并且决定一个人是否为人喜爱或厌恶。”所以在我们的生活中,要想吸引对方的关注,必须要培养自己具有吸引力的个性。拥有这个心理策略的话,你便会用更加积极的心态和真诚的态度展示自己与众不同的个性,以后不论是在什么事情上,都会很容易达到自己的目标。

第2章　再见相知，拉近关系增进彼此感情

在社交场上顺利地认识一些朋友并不难，难的是如何与他人进行更深入的接触，如何在不经意中与他人拉近关系。或许你会说，在与人交流时，真诚始终要放在第一位，有了真诚，必然能够打动对方的心。这话确实不错，但是想要尽快和对方亲近，想要掌握先机，还需要更多洞察人心的技巧来辅佐你，这样才能让你有别于其他人，赢得更多的青睐。

心态谦卑，让对方愿意深入了解

美国心理学家卢维斯指出："一个人如果能够做到完全不想自己，以公平的态度、真诚的心去对待每一个身边的人，那这样的人便显示了自己的谦卑。"谦卑是我们一直提倡的美德，同样也是朋友之间交往不可缺少的品德。在与朋友交往时要虚心向人家请教，不要事事总表现自己，突出自我，能够懂得这个心理洞察术的话，便可以和任何一个人拉近关系。

蒙蒙在一家电脑公司上班，是做动画设计的。她人长得漂亮，性格活泼可爱，一张嘴能说会道，而且在工作上的表现也非常出色，设计的动画总是非常富有创意。所以她在公司里非常得宠，从上司到同事没有不夸她、不喜欢她的。特别是一些男同事，工作之余常常喜欢找她聊天，而且常常心甘情愿地为她效劳、帮她跑腿。

因为大家都宠着她，慢慢地她觉得自己真的很厉害、很优秀，谁也比不过她，于是，开始在言谈举止方面表现得很自负。看到她目空一切的样子，大家都很生气，对她的好感也急剧下降，别人都在心里说："就算你优秀，也不用那么自负吧，好像你比别人都高一等似的，真让人讨厌。"可大家都是敢怒不敢言，看着她嚣张的样子也只能无可奈何地叹一口气，"人家就是优秀，就是有骄傲的资本，领导就是重用人家，谁能把人家怎么样？"

后来，公司里又来了一个很漂亮的女同事，没过多长时间，她在工作上就做出了很大的成绩，受到了上司的肯定，她设计的动画比蒙蒙的反响还好，可是她和蒙蒙不一样，她非常谦和，待人也很亲切。现在大家都把往日对蒙蒙的喜爱转移到了她的身上，而且大家都很感激她，因为大家觉得她帮大家出了一口气，让蒙蒙知道世界上有比她更厉害的人，让她以后不要那么嚣张。

现在，蒙蒙在公司里成了没人愿意搭理的人，大家都对她敬而远之。她很后悔自己以前那么自负，可是一切都无法改变了。

在日常工作和生活中，像蒙蒙这样优秀的人一定要注意自负要适度，不可过分，表现得太自负的话，便会招来别人的厌恶，也会让自己在别人的心目中失去地位，表现得谦卑一点，始终可以让人对你充满好感，愿意和你拉近关系。

心理专家说："一个谦卑的人必须要做到不当着朋友的面唯唯称是，什么都称好，而背后却发牢骚，不办正事。对朋友一时不留意而闹出的矛盾，要谅解，要创造条件给对方台阶下，让对方在和谐的气氛下自我解决问题。不谦卑的人，会被人认为不值得信赖、不可交往，最终无人理睬。在工作和生活中，保持谦虚的态度，不但有利于提升我们的能力，也可以与别人建立良好的人际关系。"所以要想拉近与对方的关系，就要对自己不懂或懂的不够多，采取谦虚学习的态度，努力完成好自己的工作，也处理好与各种类型人的关系。

在工作和生活中，如果我们不能正确地评价自己和别人，只看重自己的优点，无视别人的能力，这样就会离谦逊越来越远，最终只会自食其果。所以一定要告诫自己，要以谦卑的心态把自己过于骄傲的情绪冷却下来，以谦和的态度去面对身边的每一个人，以此得到大家的认可和赞许。

年轻人从共同点谈起，增进友谊

有些人在与陌生人第一次见面交谈的时候，总是找不到话题，也不知道要和对方谈论一些关于哪方面的话题，每次都是不停地转动着手中的杯子，不知道自己该如何开口，针对大多数人都拥有的这类困惑，心理专家为我们提出了一个很好的建议：两个不同世界的陌生人相聚在一起，想要拉近与对方的关系，最需要的是找到彼此之间的共同点。

李昊今年28岁了，可是一直都没有找到合适的女朋友。一次他去婚介公司登记资料，到门口时看到有个女孩也在，而且还没有轮到自己登记。两个人尴尬地等待了一会儿，李昊觉得实在尴尬，就试探性地问了一句："你紧张不?"然后两人说到要互为对方把关，看看写的资料怎么样，再谈到各自的家庭什么的，一直谈到自己征婚的要求，突然两人都发现对方的要求很符合自己，而且他俩都很喜欢滑雪，两人找到了彼此之间的共同点，所以聊得很是投机。等轮到他们进去登记资料的时候，两人都觉得没有必要了，他俩已经相见恨晚了，再多沟通一下可能就会发现，原来找寻这么多年的他(她)就在面前。

其实，在我们的现实生活中，像有李昊这样经历的人很多，有的时候当你发现了彼此之间的共同点，谈话就会非常投机，对对方的印象也会特别好，拉近了彼此的关系，最终促成彼此之间的交往。李昊和女孩交谈的话题很朴实、很简单、很实际，本来没有想过的交往对象就这样奇妙地出现了。所以，找到一个共同的话题不是那么的困难，只要你观察仔细，多和对方攀谈，便可以找到彼此之间的共同点。例如，两人喜欢同样的颜色，看过同样

的电影，对这座城市的喜爱等，都可以作为你们之间的共同点，同时，这也是拉近你们关系的基本前提。

一名度假的大学生和一位在法院工作的人士在一个共同的朋友家聚餐，经主人介绍认识后，陌生的两个人攀谈了起来。慢慢的，他们发现彼此对社会上某些不正之风的看法有共同点，不知不觉地展开了讨论，而且越谈越深入，越谈双方距离越短，越谈双方的共同点越多。事后双方都认为这次交谈对大学生认识社会，对法院人士了解外面的信息和群众要求、增强为纠正不正之风尽力的自觉性都是有益处的。

就这样，大学生表达了自己的观点，又得到了对方的认可，让对方觉得这样一个初出茅庐的学生很有主见，是个值得一交的朋友。

其实不论相对陌生的两个人社会地位有多么悬殊，只要你们有一点共同的想法，便可以投机地攀谈，最终成为好朋友。两个人谈话最怕的就是找不到共同点，没有恰当的话题，当你谈起一个别人根本就不懂的东西时，对方想和你交流都没有办法。其实，有一个共同了解和关注的话题，便可以引出无数的话题来作为你们沟通的桥梁，让你们对对方充满好感，距离越来越近。

心理学家曾经说过："每个人在与别人的交往中都存在物以类聚、人以群分的心理，人人都希望得到一种认同，而不是走到哪儿都听到别人反驳他。所以你如果可以找到两个人的共同点，就可以继续下面的话题。不要怕和一个陌生人找不到相同的话题，只要你认真地去询问就可以找到。"其实我们每个人之间的共同点是很多的，也许你们在刚开始谈话中，就发现你们是同样的人或者你们有着相似的生活经历，更广泛地说，你们也许对某种东西或者某种观点有着类似的看法等。当别人说的东西正符合你的意见，那么你可以来一句很简单的"对啊，我同意"或者说"太好了，我也是这么想的”，只要这么简短的一句话就能拉近你们的距离，找到你们的话题。

只要我们懂得找到彼此之间共同点的这个心理策略，然后在与别人谈话时留心分析、揣摩每个人的心理状态、精神追求、生活爱好等，从他们的表情、服饰、谈吐、举止等方面发现彼此的共同点，你便会成为人际交往中的赢家。

年轻人要懂得表达与对方利益的一致

心理学家说：“人们能够友好交谈，都是通过表达利益一致性的关系来实现的，高明的谈话者都会遵循合作原则，表达双方利益一致性的关系，尽量减少双方的分歧，拉近双方的感情距离。”

其实不论在我们的工作还是生活中，和对方表达利益一致性的关系这种方法，随时随地都要运用。当你想进一步了解一个人的时候，当你想达到自己目的的时候，当你想得到对方认同的时候，你一定要了解对方的利益所在，并且要向对方明确地表达出自己的利益所在，让彼此的利益放在一致性的关系上。当对方明白了你的利益和他所求的利益是一致的时候，才能够让对方对你放下提防之心，和你站在一起，也能够积极地和你友好交谈。

陈鹏刚刚大学毕业时，去北京的一家科技公司面试，当他走进公司后，公司前台告诉他先在沙发上等待一会儿，经理在开会。等了5分钟的时间，又进来一位男士，看见陈鹏坐在那里，便问他：“你是来这家公司面试的吗?”陈鹏立刻回应说：“是的。”然后陈鹏问对方：“你是学什么专业的?”对方说：“计算机专业。”陈鹏一看对方和自己专业相同，便和对方聊起了很多专业上的知识，两人越聊越投机，对方对他说："听说这家公司的管理非常好，我就是想来这家公司好好锻炼一下自己，希望以后自己开公司。"陈鹏一听对方和自己的想法是一样的，便笑着对对方说："你的这个目标也是我来这家公司面试的目的，当自己经验丰富一点的时候，自己创业开公司，我们想取得的利益是一致的。"听到他的这个想法，对方表现得很激动，两个人都明显感觉到彼此之间的关系就这样拉近了。

面试之后，两个人都顺利成为公司一员，在之后上班的日子里，他们两人有了更多的交流，很快便成了无话不谈的好朋友，他们两人还决定在工作经验积累到一定程度的时候，便一起出去创业，开启属于自己的公司。

一年之后，两人便一起离职，共同开办了一家科技公司，两个人的工作能力都很强，公司很顺利地进入了正轨，有了不错的收益。

陈鹏从刚刚大学毕业到拥有自己的公司，仅仅用了一年多的时间，最重要的原因是他拥有一个非常好的创业伙伴，两个人志同道合，是他们追求的利益一致拉近了彼此的关系，最终让两人成了好朋友，并成了非常好的创业伙伴，让彼此都拥有了事业上的成功。有时候和陌生人交往的时候，说出和对方利益一致性的关系，会让对方对你倍感亲切，因为你们是站在同一起跑线上，你们两人的利益是紧紧联系在一起的，所以我们要懂得表达出自己和对方利益一致性的关系，不仅可以和对方成为好朋友，或许也会像陈鹏这样找到好的合作伙伴，促进自己事业的发展。

生活中我们会遇到各种不同的交谈对象，想要对方乐于和你交谈，就必须要懂得对方的利益所在，和对方的利益达成一致是和谐谈话的基础，对方对你信任之后，才会愿意和你拉近距离，为彼此之间共同的利益努力。

身体靠近一点，心理更近一点

心理专家说："对于陌生人来讲，当你想拉近与对方的距离，首先必须要制造机会拉近与对方的身体距离，只有先拉近了身体的距离，才可以拉近彼此的心理距离。因为当你处于他身体的安全范围之外时，对方就不会产生警惕和戒备心理，如果你走进他的安全范围之内，对方就会感觉到不安，并试图拉开你们之间的距离。但当你已成功地进入了对方的安全范围之内，则往往就会产生对方是自己亲密者的错觉。因此若想在短时间内使关系亲密，最简单的方法就是尽可能地拉近与对方身体的距离。"

有一次王建到百货商场去买裤子，售货员小姐问他挑选什么款式，款式选定之后，售货员小姐立刻拿皮尺走过来说："我帮您量一下尺寸吧？"售货员小姐在测量腰围的时候接近了王建的身体，甚至达到了只有亲人才可以保持的身体距离，让他产生一种像亲人一样的感觉，再加上售货员小姐服务热情，让他感觉到对方仿佛是陪伴自己一起来买裤子的亲人，并且是一心为他挑选合适的裤子。因此，王建根本无法拒绝她的推销，最终一次性买了三条裤子，谢过售货员小姐之后，高高兴兴地回家了。

售货员小姐针对自己的推销，确实有一套自己的心理策略。她并没有像大多数推销员那样，直接问顾客要多大的腰围，然后找相同的尺码让顾客自己去试衣间试穿，而是亲自用尺测量顾客的腰围，与顾客拉近身体的距离，不仅让顾客感觉到对方的服务周到，而且还增加了亲切感。对于售货员这样推销的产品，顾客是不会坚决拒绝的，一般情况下都会买回家。

如果每名售货员都能够抓住顾客的这种心理，那么像王建这样一次性买三条裤子的顾客肯定会越来越多。所以在我们的日常生活和工作中，制造机会拉近与对方的身体距离，会减少很多阻力，使自己的事务顺利完成。

有位心理学家曾经做过一次观察，他把观察的主要对象放在还未确定恋爱关系的男女朋友上。心理学家在马路旁，观察来来往往的男女朋友。结果发现当一对尚未确定恋爱关系的男女朋友一起过马路时，男孩都会趁机很自然地拉住女孩的手，而更加令人欣喜的是，一般女孩都不会挣脱那只被男孩拉住的手，也就是在那个瞬间，两个人心照不宣地确立了恋爱关系。

之后，心理学家分析这次观察的结果时说："年轻的男女羞于直接向对方表达爱意，而过马路这个最简单的事情却成了许多男孩表达爱意的最好机会，男孩在过马路时紧紧地抓住了女孩的手，同时两个人的心在那一刹那间就迅速地拉近了，虽然这只是个小细节，但却让女孩明白了自己的心意，并且接受了男孩的爱。由此可见，与对方的身体接触可以消除彼此之间的陌生感，拉近彼此间的心理距离，确定彼此之间一直不好意思说出的关系，这是大家都应该学习和掌握的心理策略，这个心理策略可以在关键时刻帮助你达成自己的目的。"

我们面对陌生人总是本能地带有警惕和戒备的心理，这是人类在进化中形成的自我保护方法之一。如果你想迅速地拉近和陌生人的距离，就应该首先制造出自然的与对方拉近身体距离的机会，在以后的人际交往中，给予对方亲切感，并愿意与你交心。

主动分享你的小秘密，换来友谊

我们大多数人向来含蓄内敛，很少向人吐露属于我们自己的小秘密，其实分享自己的小秘密有时会对人际关系有很大的帮助。面对现在开放的社会,有时和别人分享自己的一些小秘密,也可成为一种连接人际关系的桥梁,把自己的小秘密作为一种交际手段,可以抓住别人的好奇心,增加自己取得好人缘的概率。

乔怡在一家网络销售公司做部门经理,这个月总公司给的任务量很重,并且要求她带领部门员工完美地完成任务,这么大的任务量,单单靠白天工作的时间是远远不够的,于是乔怡便想出了一个办法,让员工这个月每天加班,直到完成任务后大家再休息。

会议上,乔怡向大家提出了这个建议,有的员工立即表示不愿意加班,他们说:“这个工作原本就很辛苦,现在还要加班,岂不是要累垮了吗?”乔怡说:“我能够体会到大家的心情,其实我也一样,可是这个月是公司的特殊阶段,公司给予我们部门这么高的信任,把最重要的任务交给我们部门来完成,作为公司的一员,我们要努力表现自己,这次也是实现我们部门价值的时候,所以大家一定要努力坚持一个月。另外,之前大家对我的人生经历不是很感兴趣吗?有人很多次问及我的生活经历,以后每天晚上加班,我都会与大家一起分享属于我本人的一点小秘密。”之前不愿意加班的同事一听,经理要在加班的过程中和大家一起分享自己的小秘密,大家的好奇心被调动起来了,最后大家一致举手表决同意加班。

在加班的过程中,乔怡都会提前组织好语言来和大家一起分享自己的小秘密。原来乔怡出生于贫穷的农村家庭,而且还是一个孤儿,是在孤儿院长大的,她学习很努力,社会上的爱心人士捐钱让她上学,最终她考上了名牌大学,然后来这家公司上班。这一系列的信息之前谁都没有听说过,大家被乔怡这一个个的小秘密震惊了,同事们不知道在乔怡身上还有多少不可思议的小秘密,为了等待乔怡的小秘密,大家每天都盼着加班,小秘密引发的好奇心让大家干劲十足，最终圆满地完成了任务。公司领导很满意。同时乔怡不仅拉近了和员工的距离，还受到了总公司的提拔，晋升了职位。

心理学家分析这个案例说："有时候和别人分享自己的一些小秘密，是我们手中可以掌握的一种工具，借此可以抓住别人的好奇心，调节自己与他人之间的关系，拉近与别人的距离。乔怡面对公司给予的重大任务，面对员工不愿意加班的压力，能够想到用这个分享小秘密的好方法，抓住员工的好奇心，让他们乐于加班，最终完成了任务，实现了职位晋升和人际交往上的双赢。这个心理策略值得我们每个人学习。"

一个有秘密的人，总是让人觉得神秘，人们对他的生活会充满好奇。一个毫无秘密空间的人会让人觉得太过透明，毫无探索的需要，根本不想接近，于是，保留和分享一点自己的小秘密，让自己处在透明与不透明之间，让别人对自己充满好奇心，也许会让自己在人际交往的道路上一帆风顺。

钱钟书在《围城》里说："女人都希望拥有一点小秘密，不告诉他人是什么，但还要让别人去猜、去想，这是女人的虚荣心。"其实不论男人还是女人，都会有自己的秘密，当你勇敢地把自己的小秘密告诉别人时，会让别人体会到你为人的真诚，并一直让人充满好奇心；但从来不去诉说自己的小秘密，而让别人万般猜测是不会永远抓住别人的好奇心的，时间长了，对方便会对你的小秘密失去兴趣，随之对你这个人也失去兴趣。所以如果想让别人对你一直充满兴趣，就要适当地与人分享自己的一些小秘密，让别人一直为你保留一颗好奇心。

拥有秘密的人总是将自己包藏得严严实实，生怕别人发现自己的秘密，其实这是一种拒人千里的做法，摆明要将别人推出自己的生活圈子之外。

聪明的人总是在合适的时候,向合适的人适当说出自己的某些秘密,不仅与朋友分享了自己的内心世界,而且也代表了自己的立场,代表着自己对对方的一种信任,这样做既满足了对方的好奇心,也能得到对方的信任,拉近彼此的感情,为自己迎来新朋友。

第3章 善找话题，在沟通中让对方畅所欲言

不论是与陌生人打交道还是面对其他人，当你成功地给对方留下深刻印象，也迅速与对方拉近了关系的时候，并不代表你就能顺利地达到自己的目的。如果你想从对方那里得到自己想要的信息，还需要调动对方的情绪，打开他的话匣子。善于倾听，主动地关心对方，一步步走入对方的内心深处，打开心门的屏障，激发对方的说话欲望，这是你需要掌握的实用心理策略。

年轻人从最新流行话题开始谈起

跟陌生人初次见面，大家互不了解，总是感觉彼此之间没有谈论的话题，大多数人都会表现得特别不自然，想尽快结束这次会面。其实，多个朋友多条路，既然已经和对方见面，何必要错过这次结交新朋友的机会呢？要培养自己与陌生人寻找话题的能力，让自己结交更多新的朋友。这便需要运用一些心理知识，跟陌生人交往，最好讨论一些最近流行的新话题，因为大多数人都对流行的东西特别感兴趣，你把握了大多数人的心理，就能够尽快地和对方展开谈论的话题。

心理学家曾经说过："在一个陌生环境中，人与人之间是有心理距离的，而谈论时下最流行的话题，却能够快速地和别人沟通、拉近彼此的心理距离。当双方开始沉默下来的时候，你可以和对方谈谈现今的流行话题，比如星座、购车、房价、服饰、化妆品等，这些都是大家很可能关注的流行话题，不论你和谁谈论这些流行话题，都会得到对方的响应。"

徐俊是一个和熟人有说不完的话，和陌生人却一句话都没得说的人。一次，徐俊去参加项目交流会，到了会场每个人都显得文质彬彬，有的人在互相交流着什么，有的人在积极推销着自己的一些产品，徐俊这次前来也带着自己的任务，之前他看好了一个开发土地的投资项目，可苦于没有金钱上的支持，所以他的这个项目就这么一直耽搁着，来这个交流会之前，他希望自己能够找到对这个项目同样感兴趣的有志之士，这样的话这个项目就可能马上投入了。

走到会场中央，大家都在互相递着名片，他也一张一张地把自己的名片递交到别人的手上，和别人互换名片，接收到的每张名片他都会仔细看一遍，这时他看到有一张名片上写着“从事土地开发的项目”，这就是他要寻找的合作伙伴。于是，他走到对方身旁，向对方做了自我介绍，对方也很礼貌地做了自我介绍，但他并没有马上和对方说自己这个开发土地项目的事情，因为他知道这是一个大的项目，并不是一天两天便可以谈妥的，必须要先和对方成为好朋友。当两人的往来多了的时候，在合适的场合和时间才可以和对方好好地谈自己的这个项目，这样的话对方拒绝的可能性便会降低。他主动邀请对方喝咖啡，两人在咖啡店坐了下来，一开始徐俊不知道对方对什么话题感兴趣，他想了一下，身为年轻人应该都对流行很感兴趣吧，于是他便和对方说起最近的房价问题。他刚说北京房价时涨时跌，大家都不敢购买房屋，对方便立刻把话题抢了过去，滔滔不绝地和他说起了对于现在房价的看法，而且还做了详细的分析，就这样两人不知不觉谈论了2个小时，在要离别的时候，对方对他说：“今天的谈话太愉快了，你这个朋友我交定了，有事就去找我，或许我们会有合作的机会。”徐俊立刻回应说：“我这边确实有一个特别适合我们俩干的项目，等下次我带上资料去你公司，你可以看一看。”对方满口答应。

一周后，徐俊带着资料去了对方办公室，对方看完资料后，感觉商机很好，准备投资。就这样，一直迟迟不能开发的项目，顺利地动工了。

徐俊一开始不知道对方对什么样的话题感兴趣，基于双方都是年轻人，便大胆地和对方谈论起现今的流行话题，没想到却取得了意想不到的效果，最终对方把他当作朋友，而且还帮助他完成了期待已久的项目。心理学家分析这个案例说：“在人际交往的关键时刻，徐俊确实做出了正确的选择，跟他人讨论最流行的话题，不仅可以让人与人之间的防御性降低，而且可以起到很好的沟通效果，一般在不知道和对方谈论什么话题的尴尬情况下，都可以先和对方讨论一些最流行的话题，比如运动、电影、旅游、服饰等话题，可以让对方在第一时刻和你友好亲近。”

要想使自己的谈话有意义，有收获，便要把交谈的对方作为拉近彼此心理距离的对象，其实谈论当代流行的话题，永远是每个人都会关注的话题，谈论流行话题可以帮你迅速同陌生人投入交流，同时也是一个打开对方“话匣子”的快捷方法。当对方在你面前开始畅所欲言时，说明对方对你已经充满了信任，这时你便达到了和他友好交往的目的。

估计对方，从对方的兴趣点找话题

美国教育学家卡耐基曾经说过这样一段话：“在去钓鱼的时候，你会选择什么当鱼饵？即使你自己喜欢吃起司，但将起司放在鱼钩上也钓不上半条鱼。所以，即使你很不情愿，也不得不用鱼喜欢吃的东西来做鱼饵。”说话也是如此。无论你对某个话题如何感兴趣，有再多的高见，如果对方不想听，你说了也是白说，引不起对方任何的兴趣。为了避免这样的尴尬出现，一定要懂得从对方的身上找到他感兴趣的话题。

乔晔在一家计算机公司当业务员。有一次去一家公司销售计算机的时候，偶然看到这家公司老总的书架上摆放着几本关于金融投资方面的书。刚好乔晔对金融投资也比较感兴趣，所以，就和这位老总聊起了投资的话题。结果两个人聊得热火朝天，从股票聊到外汇，从保险聊到期货，聊人民币的增值，聊最佳的投资模式，最后，聊得都忘记了时间。

直到中午的时候，这位老总才突然想起来，问他说："你销售的那个产品怎么样？"乔晔立即抓住机会给他做了介绍，老总听完之后就说："好的，没问题，咱们就签合同吧！"

心理学家分析这个案例说："乔晔和公司老总从相识、交谈到最终的熟悉，就在于乔晔从对方身上找到了金融投资这个双方都感兴趣的共同点。当你初次与他人交谈时，首先要解决好的问题便是尽快熟悉对方，消除陌生感，从对方身上找出他的兴趣点。你可以设法在短时间内，通过敏锐的观察初步了解他：他的发型、服饰、领带、烟盒、打火机，他随身带的提包，他说话时的声调、口音以及他的眼神等，都可以给你提供了解他的线索。如果他是公司的领导，了解他便会有更多的依据：墙上挂的画、橱柜里放的摆设、办公桌上的照片、书橱里的书等，这一切都会自然地向你袒露关于主人的情趣、爱好和修养等。如果你事先就知道将要同一个陌生者见面，则在见面之前通过别人打听一下这位陌生者的情况，这对于将要开始交谈的彼此是十分有利的。"

每个人的兴趣都有可能不一样，在与对方交谈的过程中，如果找准对方的兴趣点，话题选择得好，可使人有一见如故、相见恨晚之感，如果偏离对方的兴趣点，话题选择不当，便会导致四目相对、局促无言的尴尬局面。那么，如何从对方身上发现他感兴趣的话题呢？一个很好的方法就是换位思考。

你可以在谈话时随时观察对方的表情、态度，不断反省"对方对这个话题是否感兴趣"、"我说这些话是否会引起对方不愉快"等。设身处地为别人着想，了解别人的态度和观点。因为这样你不但能得到对方的理解，而且能更为清楚地了解对方的思想轨迹及其心理变化，更深入地了解对方的兴趣点。

每个人在听到别人谈论有关他的问题时，都会更加集中精力认真地去倾听，一般来说，人在自己感兴趣的方面都比较健谈，当你从他的身上找到他的兴趣点并与之交流，会马上打开他的话匣子，即使是一个平常沉默寡言的人，一旦谈到他感兴趣的话题，也会滔滔不绝，他会为你打开心扉。所以在人际交往中，一定要懂得运用心理学知识，迅速抓住别人的心理和兴趣爱好，让每个人在你面前都可以畅所欲言。

洞悉对方熟知的话题和领域

现在，人们每天除了上班之外，还会参与很多的社交活动，每天在工作中和生活中都可能会遇上新面孔，每天都可能要和不同性格、不同社会地位、不同职业的陌生人交往，所以现在人们越来越重视语言表达的训练。要想让对方消除陌生感，对你畅所欲言，必须选准话题，最好从对方熟知的领域寻找话题。

小茹工作以来第一次独自去跟客户谈生意。到了客户那里，小茹被经理秘书介绍给了经理张海东先生。她并没有马上就同张海东谈生意，而是说："之前在杂志上看过您亲自设计的室内装修图，我本人很喜欢，感觉您的设计运用了很多流行元素，非常适合我们年轻人的口味。"经理张海东顿时眼前一亮，说道："嗯，前段时间我的室内装修图上了一本杂志，不过这本杂志也不是很有名，你确实还挺细心的，能够看到并且记住了我的作品，我挺感动的。"小茹接着问："您大学学的就是室内装修专业吧？"张海东说："是的，室内装修一直是我最喜欢的专业。"然后，小茹又向张海东先生请教了很多有关室内装修方面的知识，从古代的装修一直讲到现今的流行，从材料的选取一直讲到恰当摆设，张海东向她滔滔不绝地阐述着自己知道的所有室内装修的专业知识，并且把自己所有设计的室内装修图一一拿来让小茹看并做讲解。

不知不觉时间已经过去一个小时了，张海东的心情好极了，他热情地邀请小茹去喝一杯咖啡，小茹从始到终都没有谈及生意的事情。告别时，张海东主动向小茹要了一张名片。两天之后，张海东主动给小茹打来电话，让小茹下午过去共进晚餐顺便签合同。听到这个消息，小茹开心地笑了。

有人会觉得，小茹这笔生意签得太顺利了，仔细想一下，这也是水到渠成的事情。要是小茹一见到经理张海东便和他说生意的事情，事情恐怕就没有那么顺利了，即使最终谈成的话，小茹也需要花费很大的工夫，运用很多的话语来说服对方。现在毫不费力地签下了合同，而且还和对方结下了友谊，关键在于她抓住了对方的心理，一直向对方请教他专业方面的知识，打开了对方的话匣子，最终轻松地赢得了对方的好感和信任。

心理学家说："建议大家在与陌生人见面时尽量谈论对方的专业知识，因为他的专业就是他的兴趣点，每个人都会对自己的专业有很深的研究，针对自身喜欢的专业，即使一个平时沉默寡言的人都会有很多的话语，你关心他专业方面的知识，会让他对你备感亲切，从而和你有更多的交流。"我们每个人在与陌生人见面时，都要先了解对方的专业，在与对方交流时多加请教，这样不仅满足了对方的自尊心，也可以给对方留下好印象。

工作、生活中离不开社交，展开社交便需要和对方交流，一个人能否让对方对自己畅所欲言，在很大程度上决定了自己能否成为最终的赢家。任何人都受控于自己的心理变化，如果你能够做个生活的有心人，多加注意把握对方的心理，有针对性地和对方沟通，挖掘对方最感兴趣的话题，你便可以顺利地和对方亲近，让对方为你敞开心扉。

年轻人机敏一点，寻找彼此可能建立的关系

每个人在交往中都可能扮演各自不同的角色，如果要想与对方长久相处下去，必须先确定自己扮演的角色以及和对方的关系，只有明确了双方之间的关系，才能达成一致。在人际交往中，必不可少的一项便是寻找彼此之间可能建立的关系，让双方在和谐的关系中增进感情。

要想寻找彼此之间可能建立的关系，必须要遵守以下几点：

第一，你可以学会观察人，也可以听第三者的介绍，了解谈话人的详细情况和兴趣爱好，或者在你们的谈话过程中，学会揣摩对方谈过的话，提出你的问题，探索你们之间可能建立的关系。与对方建立关系的方法有很多，譬如双方共同面临的生活环境，可以让你们建立起一种同等社会地位的关系；双方拥有相同的职业，可以让你们建立一种共同奋斗的关系；双方拥有类似的兴趣爱好，可以让你们建立一种互诉衷肠的关系。只要仔细寻找，和对方建立起适当的关系是很简单的。

第二，从对方身上找可能建立的关系。要注意观察对方的表情、服饰、谈吐、举止等，从中得到对方心理状态、精神追求、生活爱好等一系列的信息，来确定对方能够建立的关系。

第三，用试探的话语，打探对方的情况。两个人初次见面，为了打破沉默的局面，总会有一个人先开口讲话，有人以招呼开场，询问对方籍贯、身份，从中获取信息，寻找彼此之间可能建立的关系，有人通过听说话口音来确定关系；有人以动作开场，边帮对方做某些急需帮助的事，边以话语试探。

第四，听人介绍，细心倾听。你去朋友家串门，遇到有生人在座，作为对二者都很熟悉的主人，会马上出面为双方介绍，说明双方与主人的关系，各自的身份、工作单位，甚至个性特点、爱好等，细心的人会从介绍中马上找到彼此之间可能建立的关系。

第五，步步深入，挖掘关系。随着交谈内容的深入，可能建立起来的关系会越来越多。为了使双方都能够清楚彼此之间的关系，必须在谈话中一步步地挖掘。

心理专家说："如果每个人都能够把握好以上五点，便可以轻松地找到你们之间可能建立的关系，同时你还可以增强自己的谈话能力，扩大自己的兴趣范围，平常多关注一些信息，多增加一些室外活动，多了解一些事情，让对方先被你的谈话所吸引。当大家都乐于和你说话时，你便可以仔细地观察对方，对方谈论得越多，你越能够准确地找到你们之间可能建立的关系，以便于日后的长久相处。"

我们的一生中，会和各种类型的人建立许多关系，比如朋友关系、合作关系、利益关系、恋人关系等，在我们确定一些关系之前，需要详细地了解对方，从对方的一言一行中了解他的心理状态、兴趣爱好等，以便于和对方友好地交往，同时也不会遭遇建立错误关系的尴尬情景。只有你正确地把握了和对方之间的关系，才会让双方都备感亲切。

年轻人要耐心，做对方最贴心的聆听者

在人际交往中，语言流畅地侃侃而谈确实可以吸引别人的目光。但有

的时候,你的侃侃而谈却并不能得到别人的好感。由于你喋喋不休地说个不停,没有给对方留下一点说话的空间和余地,这样的情况下,你同样不会受到对方的欢迎。其实,有时候当一个最好的倾听者更能够赢得对方的好感,给予对方畅所欲言的机会,认真倾听对方的发言,让对方对你表露他的想法,也可以让自己更好地抓住对方的心理,了解对方的思想和需求,有利于和对方友好相处下去。

有时候,在人际交往中会遭遇尴尬,当自己在那里兴致勃勃地侃侃而谈时,不但没有吸引对方的注意力,对方还把精力放在了关注其他的事情上,这个时候说者会特别尴尬,不知道是应该立刻停止,还是要一直这样说下去。针对许多人的这种困惑,心理专家给出了明确的回答:“当你遭遇这个尴尬时刻的时候,说明你的话题并不是对方关注的兴趣所在,对方不在乎你在说些什么,或许你的这些想法和对方根本就没有任何关系,这个时候一定要停下你的话语,给予对方开口说话的机会。你默默地倾听对方的话语,让对方对你说出心里话,同样可以收获好的人际交往关系,最重要的是你给予对方畅所欲言的机会,满足了对方的心理需求。”

有一次,孟翔去参加小学同学的聚会,在聚会中见到了许多好多年都不曾联系的同学们,大家都有了特别大的变化,有的人成立了自己的公司,有的人拥有了自己的工厂,有的人在学校当了老师,有的人在公司上班……大家都从事着各行各业的工作,所以大家是你一句我一句地聊了起来。

孟翔还见到了小学时最好的朋友林小海,孟翔见到林小海显得特别激动,林小海也表现得很亲热,于是两人便坐下聊了起来。孟翔不停地向对方诉说着自己这么多年来的经历,当他说到自己最有成就感的事情上时,他以为林小海会向他投来崇拜的目光,但是对方一直转着手里的饮料,对于孟翔

的话没有一点反应。这时孟翔感觉自己很尴尬，同时也意识到这是因为自己只顾自己说话了，没有顾及对方的感受，也没有询问过对方的状况。于是，他对林小海说："之前听说你在餐饮方面做得特别棒，现在已经有好几家分店了吧。从小我便看出来你绝对是个干大事的人，我确实看对人了。"林小海一听孟翔问及关于自己的事情，还夸奖了自己，于是便放下了手中的饮料，兴致勃勃地和孟翔谈起这几年他在餐饮业打拼的重重困难，孟翔默默而认真地倾听着，还不时地点头，表现得非常欣赏对方，林小海就这样一直说完了自己的全部经历。

同学聚会结束后的一天，林小海给孟翔打来电话，对他说："我现在手上有个特别好的项目，一起投资的话，百分之百会得到丰厚的收益。如果我找别人和我一起干的话，不是很放心，对你我绝对信任，你能默默地坚持那么长时间听我讲自己的经历，我确实很感动，你是一个一辈子值得我交往的好朋友。"

孟翔考察了林小海说的这个项目之后，感觉前景确实很好，于是便投了资，一年之后投资项目圆满上市，两人都大赚了一笔。

这个事例中的孟翔是人际交往中的聪明人，他能够马上察觉出对方是否对他说的话题感兴趣，从而及时地改变了自己的做法，由自己的侃侃而谈转为默默地倾听，在倾听的过程中他更多地了解了对方的经历，从对方情绪的变化之中抓住了和对方交往的正确方法。他的倾听直接给对方带来了好感，之后对方找他一起投资好的项目，也是基于他能够倾听的这个基础，对方信任了他的人品，才主动和他密切交往，也才会带给他财运。所以当我们自己遭遇到这样的情况时，最好能及时打住自己的话语，让自己转换角色，成为全世界最好的倾听者，这样会让你得到意想不到的结果。

如果你面对的人说话滔滔不绝，丝毫不给你说话的机会，这时你也不要急于表达自己的想法，而应让自己头脑保持冷静，转换自己的谈话方式。其实倾听别人说话比你说话更能够充分了解对方的想法，也会让对方心生好感，把你牢记于心。在人际交往中做一名倾听者，会让自己得到意想不到的结果。

第4章 以情动人，让对方感受到关心赢得好感

任何人交朋友都是以有一定的好感为前提的，没有人会和自己讨厌的人做朋友，在社交场合中，交朋友是打开社交圈的必要过程，那么如何使陌生人对你产生好感，如何快速地与他人成为朋友呢？方法有很多，比如表达自己的仰慕之情，向对方表示关怀和赞赏等，下面结合心理常识介绍的一些简单易行的方法，希望对你有所启发。

年轻人要留点心,记住对方的名字和头衔

戴尔·卡耐基说:"一种既简单又最重要的获取好感的方法,就是牢记别人的姓名和头衔。"名字是对一个人最基本的称呼,名字也是一个人独特的代码,追随他降生到死亡的代码;头衔代表一个人在社会中的身份地位,是一个人权力的象征。对于任何一个人来说,他的名字和他的头衔同等重要,不论他的名字多么简单,他的头衔多么低微,如果你能够用心的记住他的名字和头衔,都会让他备感亲切。

能否记住一个人的名字和头衔,直接代表着他的身份和他在别人心目中的地位是重要的,所以用心记住对方的名字和头衔能够满足对方的心理需求,让听的人对你表现出友好的态度,提升对你的看法,拉近彼此的距离。

和张诚同在一个公司上班的同事柯雨凡近期刚被提升为主任。周日,张诚一个人到公园散步,正好在公园里碰到了柯雨凡,于是,张诚马上上去打招呼:"柯主任,想不到能在这里遇到您,您也喜欢逛公园?"柯雨凡笑着说:"老同事,你还跟我客气上了,以后直接叫我名字就行了。"张诚立刻接过话来说:"该怎么叫就得怎么叫,称呼不能没大没小,现在您就是我的领导,我称呼您主任是应该的。"柯雨凡说:"好,好,随便你怎么叫都可以。走,我们一起散散步。"在散步的过程中,柯雨凡告诉张诚一个公司的"秘密",他说:"最近公司还要提升一个人,现在还没有确定的人选,这段时间你要好好表现。"张诚很高兴地感谢柯雨凡能够告诉他这件事情。

之后的工作中,张诚比以前更加努力,业绩一直不错。一个月后,公司

给他升了职，张诚为了表示对柯雨凡的感谢，单独请他吃了一顿饭，两人的关系也变得很亲密。

其实，张诚能够有升职的好运气，完全依靠柯雨凡对他的提醒，没有他和柯雨凡那次在公园里的散步，他便不会知道公司要提拔人才的信息，也不会那么更加努力地去工作，更重要的一点是张诚对柯雨凡的称呼，他称呼柯雨凡“柯主任”，或许柯雨凡刚刚上任，大家都没有直接称呼他柯主任，而张诚却恰恰记住了他的头衔，让柯雨凡顿时心情很好。因此他特意告诉张诚关于公司要提拔人才的消息，让张诚把握机会。如果那天张诚对柯雨凡直呼其名，柯雨凡的心里肯定会特别不舒服，这说明张诚根本没有把他放在眼里，那之后的结果肯定是各走各的路，也就不会有以后的亲密来往。所以记住一个人的头衔，在恰当的时候称呼对方，确实可以得到意想不到的效果。

乔海静有个特别的爱好，特别喜欢记别人的名字，每当她遇到一个陌生人，都会用心记住对方的名字。有时候再次遇到之前见过的陌生人，当她大声叫出对方名字的时候，对方都会非常惊讶，因为对方看她很眼熟，但是不知道她叫什么名字，而她却可以清楚地喊出对方的名字，对方觉得这个女孩很细心，所以大家都愿意和她交朋友。

乔海静刚刚考上大学，第一天上课时，大家都做了自我介绍，她便记录下了每个同学的名字。后来，班主任在晚自习开班会，班主任说：“经过这一个星期的相处，大家也都互相有所认识，有所了解了吧，今天我们要选出班长，大学的班长和高中的班长不一样，不是你成绩好就可以当班长，而是要选细心、耐心的同学来管理班级，帮助班上的同学。大家都有同等的机会，现在给大家出个题目，你们自己在纸上作答，写下班上同学的名字，知道多少写多少。”好多同学都迷茫了，开始东张西望，窃窃私语地打探坐在旁边同学的名字，最后，答案交到班主任的手里，大多数同学只是写了本宿舍的六个或八个同学的名字，只有乔海静的纸上写得满满的，而且有顺序，是按当天晚上同学各自坐的不同位置，依次写下来的名字，班主任很感动，对大家说："同学们，我们班的班长已经选出来了，是位可爱的女同学，在这里我不说是谁了，现在把大家写的依次传递给每个人，大家自己看了之后我们的班会再往下进行。"纸张传递过每个人的手，每位同学都看到了乔海静写下的满满的、工整的无一字错误的名录，半小时之后，班主任问："大家现在知道这个女同学是谁了吗?"同学们异口同声地说："乔海静。"班主任说："大家有否定的意见吗？有的请举手。"整个教室里没有一个人把手举起，乔海静理所当然地成为班长。

乔海静记录了见过面的所有人的名字，把记录别人的名字作为自己的乐趣，不仅让自己结交了很多的新朋友，而且还得到了全班同学的认可，理所当然地当选了班长。有的人可能会觉得她的做法不值一提，但是如果你连对方的名字都不知道，你将怎样和对方打招呼，怎样和对方交往？记住别人的名字是与别人交往过程中应该懂得的最基本的礼貌，是打开和对方交流的开门锁。

记住别人的名字和头衔，在平常人的眼中看来是件微不足道的事，和工作、事业、生活没有太大的关系，但叫不出别人的名字、不知道对方拥有怎样头衔的尴尬情景，每天都在上演，既然记录别人的名字和头衔比起工作的压力、事业的险阻、生活的困难是件很小的事情，那就先让我们把这件事情做好。这样你才能够在新的环境下快速适应，快速转换你的角色，第一时间得到别人的认可。

表达对对方的敬仰和羡慕之情

人际交往中，许多人总是爱用仰慕的言语，适当地表达出自己的羡慕和敬仰之情，只要是不过度，总能取悦于人。每个人都渴望得到别人的赞美，这个心理特点是永远不会改变的。把握住这个心理特点，让对方知道你对他的羡慕和敬仰之情，会让对方对你另眼相看。当你遇到困难、麻烦，面对那些超出自己能力的事情时，他也会伸出援手帮助你。

向别人表示羡慕和敬仰之情确实会带来很多的好处，但是一定要准确把握好说话的度，一定要注意以下几点：

第一，注意交际对象。交际中要注意交际对象的年龄、文化、职业、性格、爱好等，表示羡慕和敬仰之情时要因人而异，把握分寸。例如，当你对一个为自己身材过于肥胖而愁眉不展的女士说："我很羡慕你的身材和力气，一般人搬不动的东西，你却轻而易举。"这时对方一定会认为你是在取笑她而大为不快，但如果面对一个大力士，你说的这句话，就可以使对方对你的好感和信任增加。

第二，注意把握时机。说话的时机很重要，尤其是羡慕和敬仰之类的话，应当切合当时的气氛和条件。一旦发现对方比你强、比你优秀的一面，一定要及时大胆地向对方表明，千万不可错过时机。如果你们已交往很久了，你才突然说出很羡慕、很敬仰对方之类的话，会让对方感觉你说话很假。

第三，不要在众人面前只对一个人说羡慕和敬仰的话。两个外形同样很帅气的男性朋友同时出现在你的面前，如果你只对其中一个人说："你今天真帅，我最羡慕你那双迷人的眼睛"之类的话，那么就极有可能得罪另外一个人，受到你赞美的一方自然高兴，可是没有得到你肯定的一方就会有被冷落、被忽略的感觉。

第四，注意羡慕和敬仰的尺度。在向对方表示羡慕和敬仰之情时，不要使用过多华丽的词语，太不实际的话就变成了空洞的奉承，只会让对方感到不舒服、不自在，有时候甚至感到难堪、肉麻、厌恶，想要尽快远离你。

有一次小杜跟着朋友去一位爱好绘画的人家里赏画，对方画了一幅山水画，确实画得很好，小杜也很欣赏对方的画工，于是对对方说："能够看到世界上最美的山水画，小弟我真是三生有幸，死而无憾啊！"对方听完这话后，立刻改变了对他的态度，开始不理不睬，最后小杜尴尬地走出了对方的家。

任何事情都要把握一个度，羡慕和敬仰别人也不例外，千万不要背离实际，不要滥用词语，也不宜太夸张，能够简单地表达出你的意思就可以了，否则会让人感觉是在挖苦人。像小杜这样的尴尬遭遇，希望大家不要遇到。

羡慕和敬仰别人，确实可以给予对方心理上的满足感，但只有真诚而恰如其分地表示出自己的羡慕和敬仰之情，才能引起人们的共鸣，才能让听者心悦诚服。把握住这个要注意的事项，然后真诚地羡慕对方、敬仰对方，才能让自己赢得对方的好感。

年轻人要贴心一点，表达对对方的家人和事业的关心

当女人嫁给自己心爱的男人，成立了自己的小家之后，为了让自己做个好妻子、好儿媳，便需要懂得更多的人情世故。刚结婚的女人起先都不知道

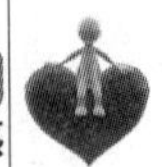

自己应该怎么做才会得到丈夫及丈夫家人的赞扬，其实很简单，只要你懂得关心丈夫的事业，懂得关心丈夫的家人，就可以做一个完美的妻子和称职的儿媳。

男人最重要的就是事业和家人，结婚后的男人一定要为自己的事业去努力拼搏，若是拥有了轰轰烈烈的事业，会使人感觉很有成就感。所以女人一定要关心男人的事业，在男人遇到挫折的时候，调整他的心态，为他加油打气；在男人收获事业丰硕果实的时候，同他一起庆祝，为他高兴。此外还要关心他的家人，让他感觉到你的贤惠，他也会更加爱你。

李克是个事业心很强的男人，他与小茜结婚之后，每天都在外忙碌，很少回家，就是回家的话也总是醉醺醺的。因为这个，两人总是吵架，小茜总是抱怨李克不够关心自己，而李克也嚷着说："我不关心你，你关心过我吗？"最终，两人总是以沉默结束争吵。

小茜想到了离婚，于是给朋友打电话说自己决定离婚了，朋友说："婚后每个家庭都会出现这样的问题，你就是现在离婚再结婚的话，同样还会遭遇这样的问题，现在你最好让自己冷静下来，去咨询一下心理医生，或许会给你很好的建议。"第二天，小茜去咨询了心理医生，听完了她的这个情况，心理医生对她说："教你一个好方法，从明天开始，你要关心你丈夫的事业进展，而且还要多关心他的家人，不要总是抱怨他对你的关心不够。当你做到了这些的时候，他自然而然就会改变态度，对你倍加关心的。"

从第二天开始，不论李克回来多晚，小茜总是会为他留着热腾腾的饭菜，也不再因为他喝醉了而和他吵架。有时小茜一边看着李克吃饭，一边温柔地说："最近公司在推出什么新项目，你需要哪方面的书？你没有时间的话，我去帮你买。"李克便会一一告诉她，就这样坚持了一个月的时间，李克便不再醉酒回家了，他每天回家都会和小茜说他事业上的事，有时还让小茜为他拿主意。

在这一个月中，每隔一个星期小茜就会带着好吃的去看望婆婆和公公，为他们做好吃的，为他们捶背，陪他们聊天，公公婆婆越来越喜欢她了，而且还不断地给李克打电话说小茜对他们的好，让李克对小茜再好点。

仅仅短短的一个月，李克像是换了一个人，他经常和小茜一起做饭、一起逛街、一起讨论事业的发展，小茜现在生活得非常幸福。

像小茜这样的生活经历，婚后的每个女人都可能有所体会。男人有时会无端地挑剔女人或对她们乱发脾气，当他们大发雷霆时，他们并非真的对女人不满，不过是在发泄郁闷的心情。这时女人一定要冷静，最重要的是要找到解决的方法，拉近与丈夫的关系。其实婚后的女人更要理解、鼓励、支持丈夫，也要对他的家人多加呵护，因为丈夫是一个女人生命的核心，丈夫生活得是否幸福，直接决定了女人的生活是否幸福。当一个女人能够做到替丈夫担起孝顺父母的责任，让丈夫在商场上放心努力地干事业时，说明这个女人就是个完美的女人，同时她也会得到幸福。

婚后的女人一定要懂得心理效应，在丈夫烦闷、苦恼的时候给予他细心的关怀，当丈夫的家人需要帮助的时候挺身而出，为丈夫的家人多做一些事，这样你不仅拉近了与丈夫的心理距离，而且还处理好了与公公、婆婆之间的关系，让自己的婚后生活变得快乐，同时使整个家庭的气氛更加和谐，让每个人都对你充满好感。

年轻人从细节处给予关心更打动人

心理学家认为，人缘好的人在言谈或者动作当中有意无意地利用了心

理学上的“亲和效应”。其中的关键点是：从细节处给予对方关心，拉近彼此心理距离。在人际交往过程中，人们往往存在这样一种认知倾向，即在细节上关心自己的人，会成为自己最亲近的人。即使他们之间的兴趣、爱好、志向、利益都不相同，但是这种从小细节给予一个人的温暖，会让人永远无法忘记。

有一对夫妻，他们被评为“城市模范夫妇”，电视台对他们进行了一次采访。

女主持人问丈夫说：“平时你们怎样孝顺长辈？”

丈夫说：“在家里，总是给长辈倒茶、盛饭、搬凳子，逢年过节给长辈买东西、送礼物，每逢单位组织旅游或搞活动，如果能带家属的，我们总是带上长辈，让他们看看现在的城市变化。”

女主持人又问妻子说：“平时你们怎样关心孩子？”

妻子说：“平时说话比较温和、体贴，常常与孩子进行情感的交流，给孩子适当的鼓励和表扬。”

女主持人又问：“你们夫妻之间怎样关心对方？”

妻子说：“在餐桌上，我们总是不会忘记给对方夹一筷子对方爱吃的菜，每逢出差，在给孩子买礼物的同时，总不忘给爱人也买一份。”这时丈夫紧接着说：“我们常常使用爱的语言，比如你辛苦了、先歇一会儿、别着急、我来帮你、谢谢你为我所做的一切等的话语。”

这时女主持人说：“我终于明白，为什么你们被推选为城市模范夫妇了，因为你们注意到了普通人都会忘掉的细节问题，一般的人在成家之后对长辈、孩子以及对方都会失去细节上的关心，往往会被一些琐事弄得心烦意乱，所以他们总是感觉不到婚姻生活的快乐。像你们两位这样心细的夫妻确实很少，我们每一个人都应该向你们两位学习，多从细节上给予对方关心，这样会让人与人之间的感情永远不降温。”

这个案例中的夫妻找到了永远不让感情降温的秘方，他们懂得从细节处对长辈、孩子以及对方的关心永远是最温暖、最持久的爱。其实现代都市中每天忙碌的人们，如果能够把这个秘方放在自己的社交中，也是一个得到别人好感的好方法，有利于人们扩大自己的社交范围。

晓岚平时就是一个特别注重细节的人。她和陈菊是同事关系，有一次两人闲聊，陈菊随口说：“我小时候因为吃了一次虾还住了医院。”于是，晓岚便记住了陈菊对虾过敏这件事。

有一次星期日两人一起去逛街，到了下午一起去饭店吃饭，晓岚问陈菊想吃点什么，陈菊说：“吃麻辣香锅吧，好久没吃了。”然后晓岚便对服务员说：“要一份麻辣香锅，顺便问一下，您这个店里麻辣香锅里边放虾仁吗？”服务员说：“会放，但是很少。”晓岚接着说：“嗯，你记下，我们这份麻辣香锅里不要放虾仁，我对面的这位女士对虾有点过敏。”服务员点了点头。

这时陈菊惊讶地看着晓岚说：“我们俩第一次出来吃饭，你怎么知道我对虾过敏呢？”晓岚笑着说：“上次在办公室里聊天，听你说小时候因为吃虾住了一次医院，所以我就记住了你对虾过敏。”陈菊微笑着说：“你真够细心的，从来没有一个人注意过我说话中透露出的小细节，说明你把我当好朋友看待，真的很谢谢你，我很感动，以后我们就是最好的姐妹。”晓岚点头说：“嗯。我们做最好的姐妹。”

晓岚确实是一个生活中的有心人，陈菊随口说的话连她自己都忘记了，可是晓岚却牢牢地记住了，在点菜时不要虾仁的那个举动感动了陈菊，最终使感情一般的双方成了最好的姐妹，这就是从细节处关心对方的心理带给晓岚的好运气，让她又拥有了一个好朋友。我们在日常生活

中也应该做一个注意细节的人，从细节处给予认识的人关心，为自己赢得好人缘。

心理专家说："细节只源于生活的点滴，有时候从对方的一句话里，就能记录对方的点滴心情。一个从细节处给予对方关心的人，身上带着一种魔力，他会让每一个小的细节化为一股无形的温暖力量，让这股力量促成幸福、温暖、感动的瞬间，让周围的人都有一种特别幸福的满足感，同时也让自己享受到被别人友好相待的快乐。"

年轻人善用肢体语言打动他人

一个在社交中能够做到游刃有余的成功者，之所以能够抓住人心，除了语言本身的内容之外，还需要有感染力，而这种感染力最直接的来源就是人的肢体语言。人的肢体语言就是他的举止动作，一个人的举止是否成熟优雅，直接反映了他的形象。

在日常生活中，人们的举手投足、一颦一笑，都会传达出大量的信息。一个人的举止能够决定他的人际关系，举止成熟往往让人对你另眼相待，喜欢和你接近。所以一定要巧妙地运用肢体语言，也要知道如何设计完美的肢体语言。

第一，恰当的坐姿。在大多数社交场合中，人们都是坐着的。关于坐有多种，有的人爱坐在中间，让大家围坐在自己周围；有的人愿意坐在会场的角落，不喜欢引起别人的注意。其实最好的座位是面对听众，让听众清清楚楚地看见自己，对方能够看见你，才能够和你亲近。另外，坐姿一定要优雅，不要斜靠在椅中或者盘腿而坐，也不要把手臂搁在椅背上，这都是拒绝别人的意思，一定要保持自己端正的坐姿，这是表示欢迎对方的意思。

第二，腿的位置。无论是坐着还是站着，腿部一般都呈现三种姿势：两腿分开、两腿并拢和两腿交叉。两腿分开属于开放型姿势，显示稳定、自信，并有接受对方的倾向；两腿并拢的姿势则显得过于正经、严肃；而两腿交叉属于防御型姿势，往往是一个人害羞、胆怯或者太随便的表现。

我们最好选取第一种姿势，即两腿分开。站立时，可以两腿分开，两脚平稳成“丁”字形，或者平行相对，或者一前一后，躯干伸直，注意不要屈膝和弯腰弓背，否则会显得消极懒散，无精打采。坐的时候两腿稍分开，腰板轻松挺直，这样从容的姿态就会展现在众人面前，不仅本人显得热情，而且还会感染身边的每一个人。

第三，自由安放双手。演讲或者是发表意见的时候，最好让双手自然垂放在身体两侧，如果还是感觉不自然，可以插在衣兜或者放在背后。怎么自由怎么来，目的是平和自己的内心。

若说话时注重感情的流露，双手便是你抒情的工具，收放自如的手部动作能帮助你完美阐述自己的主张。不过应该注意的是，不要故意把双手交叉在胸前，更不要勉强扶在某个物体上，这样会影响你身体的自由活动。如果你总是用手不停地玩弄自己的衣角，会转移别人的注意力，你自己也会因此感觉到和对方很疏远。

第四，眼睛的巧妙运用。一个成熟的人敢于同对方目光接触，这不仅仅是一种礼貌，而且是两人沟通的纽带，眼睛能够帮助你说话。

交谈过程中不愿与别人进行目光交流，往往会让人感觉你企图在掩饰或者在极力隐藏着什么；眼神闪烁不定给人精神或者性格不稳定的感觉；如果你根本不看对方的眼睛，基本上是一种怯弱和没有自信心的表现，这些都

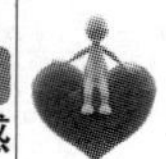

会让别人和你疏远。

一个人的举止在他的社交圈子里起着至关重要的作用，举止中透露出来的某种信息，会体现出他的修养和气质。所以在举止上我们一定要慎重对待，为自己“量身定做”一套适合自己的举止动作，为别人留下好印象，也拉近别人和你的距离。

第二部分

引导对方的心理策略

第5章 善于把握心思，获取对方支持

无论在工作还是在日常生活中，人们的一言一行、一举一动都在一定程度上体现着其内心的某些想法。现代社会，越早一点了解对方的心理，就越能及早采取有针对性的行动，从而建立融洽的人际关系。但凡与人相处，多一句简单的赞美，多一分细微的关心，多一个鼓励的眼神，更多真正地为他人着想，一分钟就能轻而易举地获取对方的支持。这样自己就会赢得交流中的主导权，赢得他人的信任。建立良好的人际关系，是在人生道路上取得成功的一个保证，也是人生路途中的一门必修课。

认可对方的想法，才能获得对方的肯定

要想获取对方的支持，首先就是要认可对方。与对方站在同一立场上，认可对方的观点、想法，并进一步获得对方的好感，才有可能获得对方的支持。认可对方，才会让对方对你没有防备之心，才会对你充满好感，进而给你支持及帮助。在你认可对方的同时，对方已经把情感的天平偏向于你，由于在心理上的互相接受，必然会支持你。

现实生活中，一个人如果受到别人的称赞，他会感到愉快和喜悦。美国著名作家马克·吐温曾经夸张地承认，一句美好的赞扬，能使他不吃不喝活上两个月。对他人的赞美也是一种认可，而且这样的认可常常会取得意想不到的效果。

一次，曾国藩用完晚饭后与几位幕僚闲谈，评论当今英雄。他说："彭玉麟、李鸿章都是大才，为我所不及。我可自许者，只是生平不好谀耳。"一个幕僚说："各有所长：彭公威猛，人不敢欺；李公精敏，人不能欺。"说到这里，他说不下去了。曾国藩又问："你们以为我怎样？"众人皆低头沉思。忽然走出一位管抄写的后生插话道："曾师是仁德，人不忍欺。"众人听了齐拍手。曾国藩十分得意地说："不敢当，不敢当。"后生告退而去。曾氏问："此是何人？"幕僚告诉他："此人是扬州人。入过学，家贫，办事还谨慎。"曾国藩听完后说："此人有大才，不可埋没。"不久，曾国藩升任两江总督，就派这位后生去扬州任盐运使。

众人皆知，曾国藩自认为自己"仁德"，都希望大家附和他，都希望他的

仁德能够得到大家的认可。那位后生,真可谓是区区一句话,胜读十年书。正是他抓住了曾国藩自以为“仁德”这一点,恰如其分地进行了赞美,结果得到了曾国藩的信任和重用。

名人曾国藩如此,何况是普普通通的我们。每个人的内心都渴望自己能够得到他人的认可,一旦你认可了他,他就会心花怒放,并且对你心存感激。这无异于“茫茫人海中,终于寻得一知己”。所以在与人相处时,我们不妨先认可他,随时随地抓紧机会表示自己是和他站在一起的,并且以友好的态度说明一个事实:我是你的好朋友,我会尽自己所能支持你。对方看在眼里,记在心里,必定会对你大大感激,并给予你莫大的支持。有的时候,认可对方就是某种程度上的认同,心理上的接近会让他更容易支持你。

美国总统林肯年轻时与上司的关系并不融洽,为了改善上下级的关系,他得知这位议员极其喜欢读书,于是便三番五次地向他请教学问。由于他摸到了上司的喜好,并能虚心请教,一来一往,那位上司也改变了他对林肯的成见,林肯后来的进步,也得到了他的极大支持。

林肯得知了议员喜欢读书,于是他涉猎许多经典名著,在学问上虚心向议员讨教。这样一来,议员对他也就摒弃了成见,并对林肯给予极大的支持。许多研究者发现,“认同”是人们之间互相取得理解的有效方法,同时也是说服他人的有效手段。如果你想得到对方的认同,获取对方的支持,那么你先要认可他。

大凡善于交际者常常事先了解一些对方的情况,并利用这些已经知道的情况,作为“根据点”、“立足点”,然后在与对方的接触中,首先认可对方,也就是认同,随着共同的东西的增多,双方也就越熟悉,越能感受到心理上的亲近,从而放下心中的戒备,消除疑虑和戒心,使对方更容易相信你,更容易接受你,那么也就更容易支持你。

没人不希望得到他人的认可，当基本的需求被满足后，人就开始希望归属于某一个团体并获得某种地位，也希望与其他人建立亲密的感情关系。生活中，我们要不吝惜赞美，不隐藏关心，更要学会倾听。一句恰到好处的赞美，一份发自内心的关心，一次默默的倾听，都是对他人的认可。

用点心思，让对方信任你

在人与人之间的交往中，信任往往是维系我们关系的一座桥梁。这座桥梁是否坚固，就要看彼此是不是建立在信任基础上的交往，是不是彼此真诚的交往。戴维·威斯格特说："信任是一种有生命的感觉，信任也是一种高尚的情感，信任更是一种连接人与人之间的纽带。你有义务去信任另一个人，除非你能证实那个人不值得你信任；你也有权受到另一个人的信任，除非你已被证实不值得那个人信任。"所以，在人际交往中，设法让对方信任你，也是你获取对方支持的一个必备条件。

北宋词人晏殊素以诚实著称。在他十四岁时，有人把他作为神童举荐给皇帝。皇帝召见了他，并要他与一千多名进士同时参加考试。结果晏殊发现考试是自己十天前刚练习过的，就如实向宋真宗报告，并请求改换其他题目。宋真宗非常赞赏晏殊的诚实品质，便赐给他"同进士出身"。

晏殊当职时正值天下太平，京城的大小官员便经常到郊外游玩或在城内的酒楼茶馆举行各种宴会。晏殊家贫，无钱出去吃喝玩乐，只好在家里和兄弟们读写文章。有一天，宋真宗提升晏殊为辅佐太子读书的东宫官。大臣们都惊讶异常，不明白真宗为何作出这样的决定。真宗说："近来群臣经常游玩饮宴，只有晏殊闭门读书，如此自重谨慎，正是东宫官合适的人选。”晏殊谢恩后说：“我其实也是个喜欢游玩饮宴的人，只是家贫而已。若我有钱，也早就参与宴游了。”这两件事，使晏殊在群臣面前树立起了信誉，而宋真宗也更加信任他了。

晏殊事实求是的态度使他不但在群臣面前树立起了信誉，而且还受到了宋真宗的信任，让自己的一腔抱负得以实现。要想获得他人的支持，前提就是让他信任你。在人际关系中，彼此的信任也是最关键的，只有设法让他信任你，你才有可能从他那里获取成功的力量。

人们内心里最基本的需求就是渴望别人的欣赏。每个人都有他的长处，这些长处是他个人价值的生动体现。每个人都希望别人能看到这些长处，肯定自己的长处，从而肯定自己的价值。因此，哪怕是一句简单的赞美之词，也会使人感到信任、友好、欢心、温馨。在适当的时候，给别人一句简单的赞美，能赢得别人的信任和喜欢。赞扬对方，往往也是成功的关键。

某业务员小姐到一家公司催款已经很多次了，然而每次都是无功而返。有一次，她在总经理办公室等候，观察到进进出出的人总是夸总经理点子好，主意不错，而总经理本来板着的脸孔也会露出得意的微笑，并陷入自我陶醉之中，办什么事他都一一批准，顺顺当当。业务员小姐发现了这位总经理好大喜功、经不起吹捧、爱面子的弱点，于是开始对症下药。在以后与总经理的交谈中，她对欠款公司的发展、规模、能量、信誉等展开了评论，讲得有根有据，头头是道，还不时透露出敬佩之意，总经理越听越高兴，索性自己也开始滔滔不绝地讲起“治厂经”，这位业务员小姐马上变成了一个耐心的听众，偶尔说几句助兴的话，总经理觉得两人谈得很投机。业务员小姐见机成熟，便赞美说：“总经理，像您这么稳重成熟，思考周密，一般人很难做到啊！”一句话又引起对方把自己的经历和盘托出。最后转入正题，业务员小姐叹道:“难啊,就像我催款一样,总不见效,对上面也不好交账啊。您是个洒脱的人,就帮我办了吧,有什么为难之处吗?”总经理先是重复了领导们的统一意见——不能随便支付欠款,但他还是沉思了一会儿,最后爽快地拍板说:“你也跑了好几趟了,很不易。下个周一,你找王副总经理拿款吧!我给你打个招呼就行了!”终于,坚冰迎刃而解。

业务员小姐适时地赞美了总经理,取得了总经理的信任,再把自己的难处一说,总经理轻易地就把事情解决了。在与人交流中,对他人一句简单的赞美或者是一句漂亮的话,都会让他高兴不已,进而让他信任你。那么,你就会获取他的支持和帮助。

人际关系中,信任是重要的一环。如何取得他人的信任?这就需要我们在交往中,言必行、行必果、不卑不亢、端庄而不过于矜持,谦虚而不矫饰诈伪,不俯仰讨好位尊者,不藐视位卑者,充分显示自己的自信心,取得别人的信赖,获得别人的支持。

善于引导,让对方跟着你的思路走

人与人之间的相处,无疑是彼此思想的碰撞和交流。一千个读者就有一千个哈姆雷特,世界上没有两个思想完全相同的人,这也就注定了在交流中多多少少会出现冲突和摩擦。而巧妙地把对方引入自己的思路,自己的意见就能够轻而易举地得到对方的赞同,甚至在谈话中取得决定性胜利,让对方心甘情愿支持你。

美国经济学家罗斯福总统的私人顾问亚历山大·萨克斯,在1939年受爱因斯坦等科学家的委托，企图说服罗斯福重视原子弹研究，以便抢在德国前制造出原子弹。尽管有科学家们的信件和备忘录，但罗斯福的反应冷淡，他说："这些都很有趣，不过政府若在现阶段干预此事，看来为时过早。"

罗斯福为表示歉意，决定邀请萨克斯于第二天共进早餐。早餐开始前，罗斯福提出："今天不许再谈爱因斯坦的信。"萨克斯含笑地望着总统说："我想谈一点历史。英法战争期间，在欧洲大陆上不可一世的拿破仑在海上却屡战屡败。这时一位年轻的美国发明家富尔顿来到了这位法国皇帝面前，建议把法国战舰上的桅杆砍掉，撤去风帆，装上蒸汽机，把木板换成钢板。"

"但是，拿破仑却想，船若没有帆就不能航行，木板换成钢板，船就会沉没。他嘲笑富尔顿简直是想入非非，不可思议！结果富尔顿被轰了出去。历史学家们在评论这段历史时认为，如果当初拿破仑采纳了富尔顿的建议，19 世纪的历史就会重写。"萨克斯说完后，目光深沉地注视着总统。罗斯福沉思了几分钟，然后为萨克斯斟满酒，说道："你胜利了！"

萨克斯终于说服了总统。迂回地表达反对性意见，可避免直接的冲撞，减少摩擦。巧妙地把对方引入自己的思路，使对方按你的思路想问题，这样一来，对方会更愿意考虑你的观点。

我们每一个人都有着自己的一系列的观点和看法，它是我们思考的结果，同时也时刻支撑着我们的自信。无论是谁，遭到别人直言不讳的反对，特别是当受到激烈言辞的抨击时，都会产生敌意，导致不快、反感、厌恶甚至愤怒和仇恨。这时，我们可以迂回地表达自己的意见，让对方按自己的想法考虑问题，这样一来，我们的意见便能被人所接受。

保尔·里奇是《芝加哥日报》的著名记者，有一次他有幸与胡佛乘同一列火车同一节车厢旅行，这对他来说，是一个采访这位著名人物的绝佳机会。但是他遭遇一个难题，里奇有好几次都把话题扯到了胡佛最感兴趣的事情上，想调动起胡佛说话的积极性，可胡佛那双机灵、暗蓝色的眼睛告诉他，他的努力是徒劳的。此时里奇面临着一个每个人都曾遇到过的难题：他想给这位比他年长而且位高权重的知名人士留一个好印象，可对方对他一点兴趣都没有。在这种情况下，里奇该用什么方法才能让胡佛注意到自己呢？就在他束手无策时，突然灵机一动，想到了一个在新闻采访中常常会用到的心理策略：对内行故意发表一些外行的错误看法，以此引发被采访人反驳的兴趣。

里奇说："正当我想要放弃时，上帝保佑，我对一件事情发表了一些明显错误的看法，而胡佛对这件事是很内行的。"

当火车正行经内华达州时，里奇望着窗外那些寂静而凄凉的荒地和远处烟雾弥漫的群山说："上帝，没想到内华达州还在用锄头和铲子进行人工垦殖呢。"听了里奇的话，胡佛马上接着他的话开始侃侃而谈起来。

里奇正是通过自己的心理策略，故意对一件事情发表了一些明显错误的看法，引起胡佛反驳的兴趣，使得本来根本不想说话的胡佛开始对这件事情发表意见。里奇确定一个方向，引导胡佛跟着自己的思路说话，最终获得了第一手的新闻采访资料，出色地完成了一次采访。"对内行故意发表一些外行的错误看法，以此引发被采访人反驳的兴趣"，这不仅是新闻采访中所用到的心理策略，也是平时我们在谈话中可取的技巧。

采用直接的方式沟通，免不了产生一些不必要的摩擦和冲突，因此，采用迂回的说话艺术，巧妙地把对方带入自己的思路，让对方按自己的思路想问题。这样一来，彼此的交流没有了障碍，没有了阻隔，更多的是理解和包容，那么也更容易得到对方的支持。

年轻人要懂得运用眼神和暗示鼓励他人

每一个人都有较强的自尊心和荣誉感，如果对他们给予真诚的表扬与鼓励，就是对他价值的最好承认和重视。以真诚鼓励他人，能使他人的心灵需求得到满足，并能激发他们潜在的才能。如果想得到他人的支持，就需要打动他人，而打动人最好的方式就是真诚的欣赏和善意的赞许。一个善意的眼神、一句简单的问候、一个温暖的拥抱、一束期待的目光，对他人来说，都是一种鼓励。而这样的鼓励，常常会激励他人奋发向上，并且引起他对你的感激之情。

韩国某大型公司的一名清洁工，本来是一个最被人忽视、最被人看不起的角色，但就是这样一个人，却在一天晚上公司保险箱被窃时，与小偷进行了殊死搏斗。

事后，有人为他请功并问他的动机时，答案却出人意料。他说，当公司的总经理从他身旁经过时，总会善意地微笑，并不时地赞美他“你扫地真干净”。

一名清洁工，在别人看来是那么不起眼的一个小角色，他自己也认为这是个很卑微的职位。就是这样的一个人，他的内心更需要人们对他的赞许和鼓励。对他而言，一句简单的问候，就可以成为他感激你的理由，甚至愿意为公司的利益不惜献出自己的生命。这也正合了一句老话：“士为知己者死”。

鼓励是一种心理感应，它能给人带来成就感和喜悦感，能增强人们的自信；鼓励就像是一股清泉，带给人无尽的甘甜和希望，能够唤起人们的斗志；

鼓励更是一种理解，给人以生活的勇气，也体现人们美好的心灵。当人们受到意外的鼓励时，会对给予自己鼓励的人充满感激之情。一句鼓励的话可以改变一个人的观念和行为，甚至改变一个人的命运。生活中，学会鼓励他人，他定会对你感激万分，也会给你很大的支持。

某王爷手下有个著名的厨师，他的拿手菜烤鸭深受王府里的人喜爱，尤其王爷更是倍加赞赏。不过，王爷从来没有给予过厨师任何鼓励，使得厨师整天闷闷不乐。

有一天，王爷有客从远方来，在家设宴招待贵宾，点了数道菜，其中一道就是王爷最喜爱吃的烤鸭。厨师奉命行事，然而，当王爷夹了一条鸭腿给客人时，却找不到另一条鸭腿，他便问身后的厨师："另一条腿到哪里去了？"

厨师说："禀王爷，我们府里养的鸭子都只有一条腿！"王爷感到诧异，但碍于客人在场，不便问个究竟。

饭后，王爷便跟着厨师到鸭笼去查个究竟。时值夜晚，鸭子正在睡觉，每只鸭子都只露出一条腿。

厨师指着鸭子说："王爷您看，我们府里的鸭子不都是只有一条腿吗？"

王爷听后，便大声拍掌，吵醒了鸭子，鸭子便都站了起来。

王爷说："鸭子不全是两条腿吗？"

厨师说："对！对！不过，只有鼓掌拍手，才会有两条腿呀！"

"只有鼓掌拍手，才会有两条腿！"连一只鸭子都希望得到别人的赞美，更何况是厨师呢？虽然厨师的技艺已经是炉火纯青了，但是他仍需要有人对他进行鼓励，哪怕是一个赞许的眼神、一句简单的话、一个小小的暗示，都会让他觉得备受肯定。王爷的鼓励，会让他满心欢喜，让他的厨艺更上一层楼。

常常用眼神和暗示对他人进行鼓励，可以唤起他对生活的激情，这样的鼓励像是一缕春风，滋润着他的心田，更像是一座桥梁，拉近了你和他的距离。他对你的感激和信任，都会让他全心全意地来支持你、帮助你，甚至甘愿为你效力。人际关系中，通过鼓励他人来博取他的信任和感激，会使你在交际中无往不胜。

因势利导，年轻人让对方做到换位思考

孙子兵法云："知己知彼，百战不殆。"与"知己"相比较，"知彼"就显得更为重要。伟大的斗士是不会随便轻视他的对手的。要做到"知彼"，最好的方法莫过于站在对方的角度看问题。人际交往中，由于思想认识上的不同，总会产生许多分歧。我们希望与人交流时能够尽快达成共识，缩短与对方沟通的时间，让自己的意见容易得到他人的认同，那么就要让对方站在自己的角度看待问题。

当个人的问题变得极为严肃的时候，从别人的观点来看事情，也可以缓解紧张。人们往往愿意站在自己的角度上思考问题，如果对方能站在我们的角度来看问题，那么，人与人之间的关系就不会那么紧张了。有些时候，人们很难用简单的对与错来衡量某一件事情。看问题的角度不一样，结果也不一样。当我们面对难题时，巧妙地引导对方站在我们的角度上看问题，原本难解的问题就可能变得豁然开朗了。

伊丽莎白·洛亚科是一位澳大利亚人，她采用分期付款的方式买了一部车子。但是由于种种原因，她已经有六周的时间没有按合同交款了。一个星期五的上午，负责洛亚科买车付款账户的一名男子给洛亚科来了电话，

他在电话里愤怒地告诉洛亚科，如果下周一上午不把钱交上的话，他们将采取进一步的行动。刚好又是周末，洛亚科没有筹到钱。于是这名男子在接下来的星期一给洛亚科的电话里说了更多难听的话。当时洛亚科先真诚地道歉，说自己真的给他带来了很大的麻烦，而且因为自己六周没有付款，一定是客户中最让他头疼的。这名男子听了洛亚科的一番话后立即改变了态度，说洛亚科并不是最让他烦心的，并且还举了几个例子来说明。他说有一个客户经常撒谎，有心躲着不见，还有的非常不讲理。洛亚科没有说话，只是静静地听，让他把心中的不快都说出来。最后，还没有等洛亚科提出什么要求，这名男子就主动说如果洛亚科不能马上交还欠的钱也可以，只要洛亚科在本月底先付给他20美元，然后，在她方便的时候再把其余的钱交给他就可以了。

洛亚科真诚地道歉后，双方谈话的气氛发生了变化，洛亚科开始并没有为自己争辩什么，而是从对方的立场考虑问题。于是那位男子说话的语气开始变化了，他发了自己的牢骚后，居然也没有继续追问付款的事情，而是站在了洛亚科的角度上，再给洛亚科宽限数日，这样，双方都愉快地结束了谈话。

如果我们做任何事情的时候都能从对方的观点去想，站在别人的立场去分析，就能够得到对方的认可和信赖，并拥有良好的人际关系。由于换位思考，可以感同身受地体会他人的难堪、苦恼，因此，在人际交往中，我们希望得到他人的支持，希望别人能感受我们所感受的，而最好的办法就是让对方站在自己的立场上看问题。这样，他就能真切地感受到我们所面对的难处，自然而然就会全力支持我们。

孔子曰："己所不欲，勿施于人。"人应当以自身为参照来对待他人，应该有宽广的胸怀，待人处事应宽宏大量。因为人生在世除了关注自身的存在以外，还得关注他人的存在，所以需要我们在生活中学会站在别人的立场上看问题。同样道理，让对方站在自己的角度看问题，实际上也是一种换位思考。对方站在我们的角度，就会设身处地地为我们着想，那么他人与我们之间就会多一些谅解。人与人之间最怕的就是不被人理解，如果他能忧我们所忧，能够深入体察我们的内心世界，就会彼此谅解。这时候，谅解就是一种爱护、一种体贴、一种宽容、一种理解。

我们与人相处，在遇到困难的时候，不要抱怨，不要气馁，要心平气和地思考问题。向对方倾诉的时候，不着痕迹地让对方站在我们的角度看待事情，使他们觉得自己是处于我们的境地，这样，他们就会理解我们，为我们着想，那么一切困难问题都会迎刃而解了。

第6章　巧言说服他人，让对方心服口服

人们在进行思想交流的时候，双方都更加相信自己的观点是正确的，这样就难免发生冲突。说服别人，并不等于拒绝别人。一个不善于说服别人的人，总会处于被动的局面而错失许多机会；如果不善于说服别人，在受到误解或竞争时，你会因为不被别人所了解而永远处在不愉快的心态里。学会巧妙地说服他人，是人际交往中不可或缺的法宝。用真诚让人感动，用情感打动人心，用沉默让人信服，胸有成竹地说服他人，会让你充满成就感和自豪感。

年轻人用点真情，是最好的说服术

人都是有情感的，情感是每个人都存在的一种心理活动，正是由于人们都有情感，才产生了人与人之间的相互影响和交流。人的大多行为都是在情感的支配和影响下产生的，情感也起着重要的桥梁作用，它可以促进人们之间的交往，协调和改善人际关系，维持彼此关系的稳定与和谐。交往中，时刻保持亲切的话语、温和的笑容、善良的调侃，能够以情动人，使人心悦诚服。“动之以情，晓之以理”，就是用充满感情的方式打动别人，用讲道理的方式告诉别人。想要说服一个人，最好的办法就是用情去打动他。

吴起是春秋战国时期一位有名的将领。他身为主将，却跟最下等的士兵穿一样的衣服，吃一样的食物；睡觉不铺垫褥，行军不乘车马；亲自担草背粮，和士兵们同甘共苦。

有一次，一个士兵生了毒疮，吴起居然亲自替他吸吮流脓。这个士兵的母亲听说后，放声大哭。有人责备她说：“你儿子只是个无名小卒，将军却替他吸吮流脓，你怎么还哭呢？”那位母亲说：“你有所不知啊，往年吴将军替他父亲吸吮流脓，他父亲勇往直前，战死沙场。如今吴将军又给他吸吮流脓，我不知道他又会战死在什么地方，我怎能不哭？”

吴起是何等聪明，不需要威逼利诱，就可以让士兵们心甘情愿地为他在战场上奋勇杀敌，勇往直前，甚至不惜牺牲自己宝贵的生命。他的秘诀就是“动之以情”，他身为主将，却没有高高在上的架子，而是与士兵们同甘共苦，时刻让士兵们觉得将军是和他们在一起的。吴起亲自为一小卒吸吮流脓，更是深深打动了小卒的心，在一名普通的士兵眼里，将军对自己的关心让他觉得没有什么比这更好的殊荣了。士兵在那一刻已经暗暗下决心，为了将军不惜肝脑涂地，于是才有士兵母亲的放声大哭。

当鸡蛋掉在石头上时，鸡蛋很容易破碎；当皮球掉在石头上时，它会弹起而保持完好无损。为什么会出现这么大的反差？是因为皮球对强大的外力能以柔韧化之，而鸡蛋却不能，所以才有“以卵击石，自不量力”的说法，而其中蕴涵的就是以柔克刚、以情动人的道理。所谓以情动人，就是耐心、信心、恒心、毅力的以身作则。在这些方面，谁做得更好，谁就是真正的胜利者。因此，要做到“虚怀若谷”，对自己充满信心，胜不骄、败不馁。

一大师某日问其徒弟，曰：“棉与石同为实物，二者各有其用，但若比攻守之道，谁更胜之？”众徒皆曰石头较之刚硬，攻守俱备，当然石也。然大师却言差矣，众徒百思不得其解。

棉所特有的性质就是柔软，它能比石头还刚硬，用的就是以柔克刚之道。而石头是坚硬的，如果以硬碰硬，石头也算不上最具有攻击性的。而棉却不一样，无论怎么发力，它都能以虚怀纳之，以柔顺化之，使自己毫发无损，这不能不说是它的过人之处。人亦如此，最能攻入他人心里的，无疑是情，情可动人，又可伤人。我们不妨学一学棉的以柔克刚之道，巧妙地以情动人，以情感化他人，这样，说服他人就显得容易多了。

“四两拨千斤”这一俗语说得好，它讲的正好是以情动人的道理。俗话说：“百人百心，百人百性。”有的人性格内向，有的人性格外向，有的人性格柔和，有的人则性格刚烈。古往今来，我们不难发现，大凡刚烈之人容易被柔和之人征服利用。人与人相处，应以己之长，克其之短。面对刚烈火暴之人，我们最好的方式就是以情以柔之姿去避其锋芒。这就恰似细雨之于烈火，烈火熊熊，细雨蒙蒙，虽然说不能当即将火扑灭，但是却很有效地控制住了火势，并一点一点地将火灭去。生活中，以情动人无疑是最好的说服他人的方式。

年轻人言辞真诚，才能赢得信任

杜普伊说：“真诚是灵魂的面孔，虚伪则是假面具。”真诚是可贵的，它就像一把钥匙，在我们的感情中穿梭，为我们打开自己不小心关上的情感大门。而真诚的话语恰如温暖的阳光、清甜的雨露。说话如果只是一味地强调说话本身，而不带一丝真诚，那么就没有说服力。如同推销员或者是演说家，滔滔不绝、一泻千里的语言虽然流畅优美，但是如果缺少真诚，也就失去了一定的吸引力，如同一束没有生命力的绢花，很美丽但不鲜活动人，缺少魅力。真诚的话语不仅能温暖我们的心扉，也能滋润我们的心田。一句真诚的话能使我们在紧张的气氛中轻松，能使我们在僵持的局面中缓和矛盾，在真诚面前，再大的矛盾也会冰消瓦解。

1915年，在科罗拉多，人们最仇恨的人就是洛克菲勒，美国工业史上规模最大的罢工浪潮就在这个州持续了两年。工人们要求富勒煤铁公司提高工资。当时这个公司由洛克菲勒主持，愤怒的罢工者砸坏机器，拆毁设备，因此发生多起流血事件并导致了军队的干预。就在人们对洛克菲勒充满愤恨的时候，他却把罢工者都争取到自己一边。洛克菲勒为了争取罢工者，向罢工代表及工人代表发表了热情洋溢的讲话，他真挚的讲话堪称杰作。他面对的是几天前还想把他绞死的人，尽管这样，他还是表示了极大的真诚和友好，甚至发出了肺腑之言：“朋友们，我今天能为在你们面前讲几句话而感到自豪。我已经拜访了你们的家庭，见到了你们的妻室儿女，可以这样说，我们现在在这里相聚的不是局外人，而是朋友！今天是我一生中值得纪念的日子，我为能和这家大公司的工人代表、职员和管理人员第一次在此相会而感到荣幸。请相信，我为此而自豪并永远记住这一天。假如我们相聚在两个星期之前，对你们中的大多数人来说我还是个陌生人。因为那时仅有个别人认识我。在拜访了你们的家庭并和你们当中不少人进行交谈后的今天，我可以有把握地说，我们是作为朋友在这里相聚的……”最终，洛克菲勒以真诚打动了工人们，不但安抚了矿工们愤怒的心，还成功地把他们争取到自己这一边。

当洛克菲勒面对这些几天前还想把他绞死的人讲话的时候，心中没有暴怒，更多的是用真诚的话语安抚工人们愤恨的心情。他热情洋溢的演讲和发自内心的肺腑之言没有白费，工人们在他真诚的话语中，慢慢放下了对他的愤怒，而重新作为朋友站在他的身边。洛克菲勒正是用自己真诚的话打动了工人们的心，最终化敌为友，把他们争取到自己一边的。足见洛克菲勒的那份演讲，并不需要专业技能，只需要足够的真诚。

林肯曾这样说过：“有这样一句话——一滴蜜比一大桶胆汁引来的蜜蜂更多。”在生活中也是一样，如果你想让他人支持你的观点，并为你效力，首先要使他认为你是他的知心朋友。在朋友之中，你必须在说话的时候表露出你的真诚，才能打动他的心，让他信服。说话的魅力并不在于你说得有多流畅，滔滔不绝，而在于是否善于表达真诚！能够快速说服他人的人并不一定是口若悬河的人，但他一定是个说话真诚的人。当你用得体的话语表达出真诚时，你就赢得了对方的信任，建立起人与人之间的信赖关系，对方也可能因为信赖你这个人而喜欢你说的话，因此也就更容易信服你。只有在言语之间释放出你的真诚，才能打动人、感染人，才能获得他人的信任，才能获得事业上的成功。

古人云:“见其诚心而金石为之开。”真诚是打开他人心灵的一把钥匙,真诚的话语,会让你更具亲和力,得到信任。说话真诚表明自己对对方坦诚相待,不虚伪做作,这样彼此就更容易展开心灵上的交流。如果说话委婉、虚伪,别人往往会心存警惕;而对说话真诚的人,别人通常是敞开心扉,不会有戒心。说话带有十分的诚意,才能打动别人,收到事半功倍的效果,这就是所谓的“以诚动人”。说话少一分虚伪,多一分真诚,多一分诚意,就会多一分说服力。

对话时避实就虚,引导交谈方向

谈话需要很多技巧,而善于在谈话中掌握对话的主动权,则需要具备相当高明的技巧。在谈话中,我们常常处于被动的地位,谈话内容完全掌握在对方手里。这样一来,自己表达的某些观念和意见,就会在无形之中被对方利用,而我们自己也落入对方的圈套,不得不赞同他人的观点。俗话说:“牵牛要牵着牛鼻子走,打蛇要打七寸。”在双方谈话中,要做到“化被动为主动”,由自己来掌握谈话内容的主动权,最为关键的就是要善于从对方的问题中找到自己的擅长点,恰当地提出自己的想法,从而使其按照自己的思路延续下去。

如果在谈话中主动权被对方掌握着,我们往往不能顺利地说出自己的想法。在我们丧失主动权的情况下,对方就会提出许多令我们难以回答的问题,并以此来维护他的主动权。我们常犯的一个错误就是顺着对方的思路极力寻找答案去回答对方，殊不知这样做正好中了对方的“计”。聪明的办法则是，不对问题本身做正面的答复，只需采取避实就虚的方法，用其他相关联的问题来反问对方，变被动为主动，打乱对方思路，掌握对话的主动权。很多优秀的推销人员就善用这个方法，他常常会使你无力拒绝他的产品，如果你没有掌握主动权，就会跟着他人的思路走，最终不得不购买他们的商品。

有一次，一位刚刚认识的女人，约小李在一家咖啡厅见面。经过一阵交谈，小李才发现对方的目的原来是推销英文会话录音带。虽然他想中途离去，但对方谈话的技巧令他毫无招架之力。

小李一开始就直截了当地告诉她：“我想到补习班去学习英文。”当他想以此话拒绝时，对方立即回答：“不错，正如您所说的一样，在补习班学习效果更佳，但这套教学录音带正是采用补习班的教学方式。”小李又反驳道：“价钱太高了。”对方又答：“不错，正如你所说的，价钱是高了些，但为了发挥与补习班同样的教学效果，我们花了相当多的苦心，由于这是十分昂贵的产品，因此可以采用分期付款的购买方式，我们有良好的售后服务，保证让您满意。”对方反复地从小李说话的内容里找出切入点，让其非买不可。

那位女推销员成功的谈话技巧，使得她每次都能掌握说话的主动权。由于她反复肯定地接下对方的话头，再巧妙地道出自己的主张的方式，在小李看来，是自己的话被对方接下了，并且对方还给予了肯定和接纳，等他再回过神来时，自己已经中了销售员的“圈套”。推销员的技巧在于，她能从对方的谈话内容中找到一个突破口，先是肯定和接纳对方的意见。再从对方的观点和意见出发，提出自己的观点和意见，这样就轻易地把谈话中的主导权握在手里，使得对方不得不听从自己的观点和意见，以此来达到推销的目的。同样道理，在平时的谈话中，我们要善于掌握话语的主导权，这样一来，对方就会按自己的观念和意见思考问题。

我们在遇到不同的想法时,应先同意对方的主张,再慢慢导入自己的意见,这样则很容易让对方丧失抗拒心理,最后不得不承认我们是正确的。反之,如果在一开始就说:“我反对这种想法。”反而会让对方感到紧张,并开始积极寻找新的理由来保护自己。所以,当对方对你的意见坦然地提出反驳时,倒是很容易应付;通常让我们感到麻烦的是,对方不是正面反对,而是顺从地一再附和,遇到这样的情况,不得不怀疑对方是想以我方的想法为“挡箭牌”,以掌握对话的主动权,让我们在不知不觉中接受他的意见。

与人进行言语交流时,如果掌握了对话的主动权,就是在谈话中取得了决定性的胜利。特别是在彼此意见不同的时候,为了避免发生争执和冲突,首先要从对话的内容入手,采用避实就虚的方法,慢慢掌握对话的主动权,通过引导对方来赞同你的观点和意见,最后达到说服他人的目的。

年轻人灵活机动,善用“问题攻势”来引领谈话

谈话中的双方不会都站在同一个层面上,有时候我们面对的交谈对象阅历比我们丰富,学历比我们高,我们在这样的场合中会非常没有自信,总是觉得己不如人。心里有这样的想法,就会不时地通过谈话中的语言透露出来,使自己处于谈话中的下风。这样就会限制我们的观念和意见的表达,让我们在谈话内容中涉及的观念和意见难以被对方接受。怎样才能让自己在对话中处于上风呢? 这就需要说话中的一个技巧——问题攻势。如果你想在和对方的谈话中占上风,就应该提前准备很多估计对方难以回答的问

题，连续向他发问。当对方回答不了这些问题，并面露难色的时候，你肯定能够逐渐平静下来，恢复自信，这时，你已经占了上风。

一位年轻人突然接到命令，要到某银行一个实力雄厚的分行任行长。当这位年轻人受命来到分行时，大家见分行行长非常年轻，银行中经验丰富的老职员们便发牢骚说："难道就让这小子来指挥我们？"

但是，令大家都没有想到的是，分行行长一到任，就立即把老职员一个个找来，连珠炮似的问起了问题。

"你一周去B食品公司访问几次？每个月平均能去几次？"

"制药公司的职员是我们的老客户，他们在我们银行开户的百分比是多少？"

……

就这样，在大家诧异的眼光中，这位年轻的分行行长问倒了所有的老职员。

这位年轻的分行行长知道自己的资历肯定不能让老职员们信服，而且经验也不如老职员们丰富，于是他聪明地避开正面的交锋，而是一到任，就立即把老职员一个个找来，问起了问题，他在这里使用的就是"问题攻势"这个方法。这样的方法使得他问倒了所有的老职员，他已经在气势上占了上风，以后银行的老职员也一定会信服他。

有研究者发现，这种连珠炮似的发问就像"蜜蜂振动翅膀发出的令人烦躁的声音"，并把它叫做"蜂音技巧"，就是一种用让人心烦的"聒噪声"来驳倒对方的战术。人们往往对于涉及很详细数字的问题，一般都不能立即回答出来，所以这个战术对于在谈话中取得上风十分有效。假如对方能够一下子就回答出来，那你可以继续追问："除此之外，你还能举出什么例子吗？"等问题，直到对方感到压力。到最后，对方一定会放下高傲的身段，与你平等交流。

在谈话中巧妙地使自己原本处于下风的势态瞬间转换为上风，这样就更容易让人信服了。“问题攻势”就是连续地向别人提问，如果这个时候你故意问对方一些你知道的事情，也许会被认为是不怀好意。但是，问题攻势的目的就是让对方丧失气势，所以你在这个时候绝不能心软，要尽量使用这个方法，在气势上压倒对方，使自己处于上风的位置。既然通过蜂音技巧展开问题攻势的目的是驳倒对方，那么一定要记住，所提出的问题要抽象、模糊，尽量找对方不好回答的问题。对方越是回答不出问题，你的优势就越明显，也就越可能取得对话中的胜利。

学会沉默，“不言不语”更易说服他人

古希腊有一句民谚说：“聪明的人，借助经验说话；而更聪明的人，根据经验不说话。”在与人交谈中，遇到阻力的时候，适当的沉默会为你增添不少说服力。当双方谈话开始不起作用，甚至在你滔滔不绝，而对方却在那里哈欠连天或是漫不经心的时候，表明对方根本没有听进去，这时候就需要休息一会儿，给彼此一些思考的时间。沉默有时候是最好的表达方式，有人说：“适时的沉默是智慧，胜过任何雄辩。”尤其是交谈中的沉默，会起到吸引对方注意的作用。

有时候我们会陷入这样的局面，无缘无故受到对方愤怒的指责甚至谩骂。这个时候，有的人会选择反驳，这样就免不了有一场口舌之争；而聪明的人则会选择沉默，任对方发泄怒火。为了避免发生冲突，当对方发怒的时

候，最好选择不说话。当没有人去反击他的愤怒时，他的愤怒也维持不了多久，这样一来，他的怒气就会烟消云散，而你不需要说一句话就可以轻易地说服他。

洛克菲勒年轻的时候，曾经有个暴躁而粗鲁的青年闯进他的办公室，径直走向他的写字台，一拳打在桌面上，愤怒地说："我恨你，你这个虚伪的东西，伤天害理的事你没少做吧，我要控告你！"他大声地谩骂洛克菲勒足足十几分钟，办公室中的其他人都听得清清楚楚，人们都以为洛克菲勒会用墨水瓶砸他或者让门卫赶他出去。可洛克菲勒没有这么做，他慢慢放下笔，温和地看着眼前这个愤怒的人，那个人越是愤怒，他就越是温和。

那个人有点摸不着头脑，渐渐的，他平息了下来，不再说话，好像在等待洛克菲勒的回答。洛克菲勒还是一言不发，那个人咽了一口唾沫。本来，他是想大吵一架的，他已经想遍了洛克菲勒可能说的话，准备了反驳的语言。可洛克菲勒就是不说话，他又能怎么样呢？

他又敲了几下桌子，仍然无济于事。最后，他只好尴尬地站起来，慢慢地走到门口，当那人关上门时，洛克菲勒拿起笔，从方才中断的地方开始继续往下写。此后，他也没有提起过这件事。

洛克菲勒正是用沉默说服了那位愤怒的青年，甚至他还温和地看着他。愤怒的青年万万没有想到会是这样，他甚至已经准备好了回击，可洛克菲勒就是一句话不说，他一点办法也没有，最后那位愤怒的青年不得不悻悻而去。生活中也是一样，善于用"不说话"来消解别人的怒火，比直接跟他"针尖对麦芒"有效得多。

有一名作家是位有名的辩才，每逢文坛会议上，如果有其他人发言，台下常常是十分嘈杂。但是只要他起来发言，他一开口，会场就会鸦雀无声。有一次，他在会议中被请上台发言，上台后他却一言不发，等全场都安静下来之后，他才慢慢地开始说话："刚才是哪些家伙吵得很哪！请静一静吧！"台下的听众一听，马上就被他那滑稽的表情吸引住了。

通常在这位作家的演讲会场上，若是台下听众大声喧哗或有吵闹声，他都会故意将自己的音量放低，或者故意不出声，那些听众反而会猜测"他到底在说些什么"或"他为什么不说话"而将注意力集中过来。相反，有些人演讲的时候，听见台下的听众越吵，他的声音就越大，即使他说得口沫横飞，听众也是无动于衷。

在生活中也是一样，双方交谈时，如果一方拼命地在那儿高谈阔论，但是对方却毫无反应，有的甚至在看报纸，一副爱听不听的样子，你越是拼命地说，越是收不到效果。这时，你一定要采用技巧，巧妙地使对方居于下风，他才会听你说话，若是你不改变方式，对方就会一直把你的话当耳边风，渐渐变得更为冷淡。在说话的过程中，我们不妨突然把音量放低或是沉默下来，这样对方反而会好奇地倾听。

人们一旦与别人相对而坐，便会习惯性地认为交谈即将开始，但即使一开始十分认真聆听的人，一旦觉得对方的话题没有什么起伏、索然无味时，就会分散注意力。聪明的人总是在这恰当的时候沉默，反而会使对方集中注意力，以达到"不说话"就能说服他人的目的。

第7章　主动肯定他人，让对方甘心为你效力

生活中，适时地向他人表示你的钦佩，并肯定他的某种能力和才华；学会真诚地赞美他人，并使之成为一种习惯；不要把所有的荣誉归于自己，要把功劳归功于他人；把自己的见解巧妙地传达给他人，不着痕迹地让他觉得这个想法是他的；适当的时候，给予他人迷人的头衔。这样，不需要威逼利诱，不需要多费口舌，甚至不需要你的命令，就可以在短时间之内，让对方乐意给你帮助，让对方甘心为你效力。这是人际交往中的绝招，也是为人处世的法宝。

年轻人表达钦佩之情，以激发对方的潜能

夫克兰说："只要你能让一个人敬仰你，你也表示十分钦佩他的某些才能，你就可以轻而易举地指挥他。"当你向对方表示你对他很钦佩时，你已经肯定了他的能力，并且发自内心地赞美了他，某种程度上，恰是你对他的钦佩增强了他的自信心和自尊心。一个人的价值得到了肯定，那是何等荣耀的事情，他心里如同是春风拂过，阳光洒入。而他的满腔欢喜也会化为对你无限的感激，并且愿意甘心为你效劳。

向对方表示钦佩，来使对方为你效劳。这个方法在很多时候被一些领导或将领所采用，聪明的领导往往不会直接命令某个人为他办事，而是先对他表示钦佩，肯定他的能力，自然而然的，他就会尽心尽力地献出自己的全部力量。每个人都有自己的长处，并且都希望自己的长处能够得到他人的肯定和赞扬，一旦让他的这种自尊心得到满足，就可使他的这种能力发挥出来，并且还有更大的潜力。

伍特将军是一位很受人欢迎的将军，有人问他手下的一个参谋："伍特将军为何会如此受士兵们拥戴呢？"

参谋回答："我可以告诉你，那是因为，就算你站在最后一排，他也会认为你在部队里是不可缺少的。"

有一次，当伍特将军的汽车驶来之时，他的一位士兵正与自己的女友并肩漫步，他没有向长官敬礼，而是假装没有看见，蹲下去系鞋带，他对自己的长官失礼了。

伍特看见了这位士兵，停下了车，并把那位士兵叫到面前说："你看见我了吗？"

那士兵尴尬地小声说："看见了，长官。"

将军接着说："为了不向我敬礼，你故意装作系鞋带的样子，是不是？"

士兵只好承认。

伍特将军说："现在，我要告诉你，如果我是你的话，我一定会对我的女友说：'等一下，看我怎么让这个老头儿给我敬个礼！'知道吗？"

那个士兵敬了一个礼，尴尬地说："是的，长官。"

伍特将军极其严肃地回礼之后，就驱车前行了。

伍特将军没有严厉地责备这个懒散而愚蠢的士兵，他有自己独特带兵的方法。为了让这个尚不成气的野小子懂得当兵的荣耀，伍特将军用了一个许多人都不太注重的方法。他让士兵把自己当成笑柄，他清楚地告诉那位士兵，为了让他这"老头儿"给他回礼，他可以先敬个礼。与任何大人物一样，伍特成功地让他的士兵欢迎他，因为将军能让他们感觉自己是很重要的。伍特将军懂得，如果你想让一个人对你有敬仰之情，那么你首先就应该对他进行赞赏，这样他才会被你所指挥，为你尽心地效力。

一家纸厂的经理这些天总是为一件事苦恼不已，他的产品中水分过多，而他不知道怎么办才能纠正这个严重的问题。后来他采用了一个简单而十分巧妙的方法，并取得了很好的成效。他给厂里的每个员工发了一张普通的表格，让他们把隔日所生产出的纸张混合物中的成分检验结果写下来，就这样，在全厂员工的努力下，很快改进了方法，也解决了终日困扰经理的难题。

这位经理的方法就是对他人表示钦佩，他把公司的问题拿出来让大家一起解决。一定程度上，他是间接地对他的员工表示了钦佩，他的方法让每名与之有关的员工都感受到自己对于解决这个问题是十分重要的。在经理面前,每名员工都感觉到自己的能力被肯定了,同时也了解了自己对于这个公司的重要性。于是,当经理把这个严重的问题交给大家的时候,他们都竭尽所能地帮助经理,最后在大家的努力下,终于把问题解决了。这位经理可以不必告诉他的员工他自己的事,可是他决心试一试,竟然得到了那么好的回报。这就是员工在经理对他们的钦佩下,激发出来的无限潜力。

柯勒律治说:“渴望受人赞美和钦佩,这是一种激情,它在那些最不了解和最不关心我们的人面前表现得最为强烈。”面对来自陌生人的钦佩,我们的感激之情往往溢于言表,甚至不能自已,就更能激发我们的激情。在平时的人际关系中也是一样,学会向对方表示钦佩,激发他人的感激之情,可以让他甘心为你效力。

给对方来一点意外的赞美,让对方喜不自胜

如今的社会竞争压力增大,精神的慰藉成为人们心中无限的渴望。人与人之间的肯定和赞许,在很大程度上能够架起心与心相通的桥梁。人们之间的相互赞美可成为人际关系趋向友好和改善的润滑剂。学会赞美别人,必定能够融化人与人之间寒冷的坚冰,必定能洞穿心灵间的隔膜。意外的赞美常常会使人喜悦倍增,拉近彼此之间的距离,从而能够更好的说服对方。

一家大型商场的服装部店员每个月的销售业绩都会跃居第一,她的同事百思不得其解,于是等这位店员开始上班时,就在一旁细细观察她的一言

一行。一次，有一位很瘦的女顾客来店，她在店里挑中了合适的款式，女店员便从衣橱里取出一件大一码的服装。而那位女顾客知道自己应穿几码的衣服，她便对女店员说："不行，我只能穿小一码的服装。"此时，这位女店员惊讶地说："啊！真的吗？可是我一点儿都看不出来呀！"女店员的同事们终于知道她的销售业绩为什么这么高了，对顾客送上赞美之词，这样不但使顾客心花怒放，也使自己的销售业绩蒸蒸日上。

服装部女店员懂得在什么时候适时地赞美顾客，就会让顾客心情愉快，心情愉快的顾客在购物的过程中也会没有太多的计较，这样女店员就轻松地拿下了这单生意。以此类推，店里的服装就容易在这种轻松的气氛中销售出去，那位女店员的业绩高也是自然的。就连在生活中不经意的一句赞美都能收到这么大的成效，更何况是人与人之间的交往呢。人总是喜欢被赞美的，即使明知对方讲的是奉承话，但在心里还是很受用的，这是人性的特点。学会在交际中恰当地赞美他人，可以让他人乐意为我们帮忙。

卡耐基讲过这样一个故事：

有一次，卡耐基到邮局去寄一封挂号信，人很多。卡耐基发现那位管邮寄挂号信的职员对自己的工作很不耐烦，可能是他今天碰到了什么不愉快的事情，也许是年复一年地干着单调重复的工作，早就烦了。因此，卡耐基对自己说："我必须说一些令他高兴的话。他有什么值得我欣赏的吗？"稍加观察，卡耐基立即就在这位职员的身上看到了值得自己欣赏的一点。

因此，当他在接待卡耐基的时候，卡耐基很热忱地说："我真希望能有你这样的头发。"

他抬起头，有点惊讶，面带微笑。"嘿，不像以前那么好看了。"他谦虚地回答。卡耐基对他说："虽然你的头发失去了一点原有的光泽，但仍然很好看。"他高兴极了。双方愉快地谈了起来，而他说的最后一句话是："相当多的人称赞过我的头发。”

卡耐基说:“我敢打赌这位仁兄当天回家的路上一定会哼着小调;我敢打赌,他回家以后,一定会跟他的太太提到这件事;我敢打赌,他一定会对着镜子说:‘我的确有一头漂亮的头发。’想到这些,我也非常高兴。”

卡耐基只是意外地赞赏了那位职员,就使本来显得不愉快的职员开始露出笑容,并愉快地和卡耐基聊了起来。如果卡耐基什么话都没有说,那位职员虽然由于工作不得不管理邮寄挂号信,但是态度上肯定不是面带微笑。至少,在卡耐基的赞美声中,他是乐意帮忙,而不是仅仅死板地处理工作。学会真诚地赞美他人,并成为一种习惯,那么,你就会发现赞美一个人是一件多么容易的事情。而赞美别人,不仅让他人感到喜悦,也会使自己的心情变得愉快起来。

在潜意识里,我们都渴望别人的赞美,这是每个人都会有的愿望。由此及彼,别人也渴望我们的赞美。所以,学会赞美别人会成为你处世的法宝。或许他不会因为我们一句意外的赞美而彻夜不眠,但是他会为了我们一句不经意间的赞美而喜悦,也会由此对我们充满感激。一句意料之外的赞美之词会让他兴高采烈,这个时候,你再拜托他帮一个小忙,他会十分乐意为你效劳的。

年轻人不独享成果,把功劳分给大家

有一位聪明的人总是显得很谦卑,他会把本来属于自己的功劳让给别人,嘴里还说:“我真的没有做什么,是他们的功劳。”这不但使他赢得了美

名，也让他的同伴感到由衷的钦佩。平时生活中的人际交往也是一样的道理，没有谁会喜欢一个好大喜功、居功自傲的人。就算你有一点小小的功劳，也要学会把功劳归功于他人，自己只是贡献了微薄之力，又何必去争着要那美誉？把功劳归功于他人，让他人得到赞誉和肯定，他也会对你充满感激之情。毕竟，一个谦虚的人是会受到人们欢迎的。

古往今来，有许多人为人类的发展作出了杰出的贡献，但是他们并没有为自己请功，而是把更多的功劳让给别人：或是自己的助手，或是自己的同伴，或是劳动人民。他们并没有因为自己的功劳就请赏，而是觉得这是在做自己应该做的事。淡泊名利，鄙弃功名，成了他们品质高洁的显现。更多的时候，人们关注的重点不是他们做了多少贡献，而是他们对功名利禄的淡漠。

一位报社记者前去采访居里夫人，想把她的事迹报道出去。而居里夫人却坚定地告诉他："在科学上重要的是研究出来的'东西'，不是研究者'个人'。"

对于研究出来的东西——镭，有几位朋友曾劝他们夫妇申请生产镭的专利权。玛丽·居里代表她的丈夫作出了这样的决定："不应该这样做，这是违背科学精神的。科学家的研究成果应该公开发表，不受任何限制。如果我们的发现可以获利，这只是一个偶然事件，在这上面我们不应该有什么优先权。何况镭是对于病人有好处的……依我看，我们不应当借此来谋利。"他们把这个伟大的发现交给工业界和医学界广泛利用，并不谋求个人的任何私利。

巨额的诺贝尔奖金对于一向清贫的居里夫人来说非常重要，但是她并不稀罕，而是把大量的奖金赠送给了波兰的大学生、贫困的女友、实验室的助手、没有钱的女学生、教过她的老师、资助过她的亲属。

知名科学家爱因斯坦曾经这样评价居里夫人："在我所认识的所有著名人物里面，居里夫人是唯一不为盛名所动的人。"

一个对人类有巨大贡献的人，他一定会被载入史册，但是他却不一定能够让所有的人都对他充满崇敬之情。而居里夫人就做到了这一点，当然，人们敬仰居里夫人不仅仅是因为她淡泊名利，还因为她的巨大贡献。生活中，我们并不是像居里夫人一样了不起，我们的功劳也没有什么可比性。但是，居里夫人淡泊名利而受他人敬佩的道理，却在人际关系中显现出来。居里夫人不为盛名所动的高洁品质被人们深深地钦佩，从这里我们可以看出，一个谦卑的人会让更多人喜欢。所以，学会谦卑，有了一点功劳不应该据为己有，而是把功劳归功于他人，会让我们之间建立友好的人际关系。

在公司中，下属总是把功劳归于上司，而上司总是把功劳归于下属。于是，下属受上司的重视，上司受下属的爱戴。显而易见的道理，把功劳归于他人，会得到他人的感激之情。什瓦普也曾说："只有那些能把机会让给他人的人，才能称得上是伟大的商人。有很多商人只顾个人的利益和荣耀，所以不能建立伟大的事业。"所以，一位高明的领导总是把成绩归功于自己的下属，一位高明的下属也总是把成绩归功于上司。

安德鲁·卡内基说："如果事必躬亲，将所有荣誉归于自己，那么这种人怎么能成就伟大的事业呢？"大人物从来不会居功自傲，他在成功之时不会忘记曾经跟他一起奋斗的人们，会聪明地把功劳归功于自己下面的人。把功劳归于他们，会让他们有种满足感和成就感，以此来激发他们对成功的渴望，自然他们也会在工作上加倍努力。大家都知道，真正的大人物不必时刻追名逐利，他应该尽可能地让他人有赢得名利的机会，至少他应与他人共享这种名利，这就是他赢得下属支持和拥戴的最好办法。所以，把功劳归于他人，不但使自己显得谦卑，也给人们留下一个好印象，你就有可能获得交际中的成功。

年轻人引导他人自己发现问题，增强对方成就感

如果别人有存在问题的地方，你可以仅仅是提出建议，让他发现自己的问题所在，从而通过思考来改变出现的问题。这样既帮别人解决了问题，还让别人拥有了一种成就感。何乐而不为呢？泰勒是著名的工程师，他曾经对自己的雇员使用这种方法，他说："让他们以为是他们自己构思出了那些别人逐渐灌输给他们的思想。"这样既达到了成功地给别人提出建议的目的，也很好地维护了他人的自尊心，从而增强了他的成就感和自豪感。

在人与人的交往中，当我们发现他人的决策、意见有错误或失误的时候，不妨向他人提出一些建议、忠告。最高明的技巧是既提出自己能够让他采纳的见解，又让他觉得这个见解其实是他自己的想法。就是让人毫不察觉地把自己的想法传达到他人的大脑，并使之接受。要让他人觉得正确结论是他自己得出来的，就不能直接去点破错误、失误之所在，而应用征询意见的方式，向他人讲明其决策、意见本身与实际情况不相吻合，使他人在参考你所提出的意见时，得出你想要说出的正确结论。这样一来，我们仅仅提出意见，就能使他人得出正确想法，我们会因为他人正确的决策而受益，他人也会因为这个想法是他自己的而自豪不已。

赫斯特年轻的时候，在旧金山开了一家规模比较小的报社。一次，适逢著名漫画家纳斯特来到旧金山，赫斯特就想请他帮助自己完成一个非常重要的计划：为了保险起见，他想发动人们敦促电车公司在电车前面装上保险

杠。而这需要纳斯特能按照他的构思为他画一幅漫画，可纳斯特为他画的第一幅画却令他很不满意。纳斯特是著名的漫画家，自己又很难说动他，如何才能让纳斯特心甘情愿地为他重画一幅漫画呢？

一天晚上，在他们共用晚餐时，赫斯特大大夸赞了那幅漫画。接下来，赫斯特又说："这里的电车已经造成许多孩子或死或伤残。有时候，我觉得那些开车的司机就像吃人的妖精一样，根本不像人。他们好像从来不会思考，总是直接冲向那些在街上玩耍的孩子们。"纳斯特立即跳了起来，惊讶地嚷道："天啊，先生，我保证可以画出一张出色的漫画，请把原来的那张撕掉吧，我重新再画一张。"

于是，纳斯特在宾馆挥舞着画笔，按赫斯特提供的思路，一直忙到深夜。第二天，他果然送来了可使电车公司认识到自己错误的杰作。

纳斯特是在赫斯特的巧妙诱导下主动请求重画的，还按照赫斯特的想法辛苦了大半夜，重新画出一幅漫画。在纳斯特自己想来，他甚至以为是自己无意中有了一个绝妙的构思。聪明的赫斯特就是这样不动声色地用这种暗示的方法把自己的思路植入纳斯特的头脑中去。每个人总是尽可能地表达自己的思想，如果你想让他愉快地接受你的意见和计划，最好让他觉得这一切都是他自己的想法，相信一切都源自他自己的创作，而不是按照他人的思路。

戴尔·卡耐基曾经说过："如果你仅仅是提出建议，而让别人自己去得出结论，让他觉得这个想法是他自己的，这样不更聪明吗？"有关社会学家的研究成果已经表明，人们对于自己得出的看法，往往比别人强加给自己的看法更加坚定不移。因此，我们要想使自己的想法被别人接受，在许多时候应该仅仅是提出建议，仅仅提供意见，其中所蕴涵的结论，最后留给别人自己去得出。而不宜越俎代庖，硬把自己的意见往别人头脑里塞。让别人觉得正确结论是自己得出的，可以说是我们向他人提出意见的最高艺术。

孙子云："不战而屈人之兵。"孙子认为，能够百战百胜，还不算是最高明的将帅；只有不战而使敌人屈服，那才称得上是高明中之最高明者。同样道理，在交际中以智取胜，巧妙提出自己的建议，让他人发现问题，并通过思考来解决出现的问题，让他人觉得那个想法是他自己的。这样既容易达到建议的目的，又能最大限度地保护他人的自尊心。

授人头衔，换来忠诚与凝聚力

人们都知道，当面赞美一个人能让他心情愉快，如果是公开地给予他赞美呢？很多事实表明，公开赞誉他人的功效更大。头衔是最能迷惑人的一种公开赞誉方式。头衔的公开性让公众一眼就分出谁是比较特殊的，谁的能力是超群的。授予人一种头衔，在他自己看来，自己能在众多的同类中脱颖而出，那是十分值得骄傲和自豪的事，让人觉得自己是与众不同的。人都有虚荣心，而头衔正是迎合了人们的这一心理，光荣的头衔唤起了人们的荣誉感，满足了人们出人头地的虚荣心。古今中外，许多领导通过授予他人这样或那样的头衔，凝聚人心、激励人心，赢得人们的忠诚，最终赢得了胜利。

塞缪尔·冈珀斯是美国劳工协会的缔造者，在工作刚刚开始的时候，他感到十分艰难。工人们大部分都是到处散落的，没有组织的。而当时，他既没有钱，又难以从外界获得足够的帮助。如何获得更多人的支持呢？

塞缪尔·冈珀斯终日冥思苦想，一天，他灵机一动，想出了一个计划：创设一个"民间委任状"。这个委任状的主旨是授予那些愿意组织工会的人一个荣誉称号。在接下来的一年里,他把这一荣誉称号授予了八十多人。

令人惊讶的是,美国劳工协会会员的数目从此开始剧增。

塞缪尔没有给支持他的人赠予财物,也没有向支持他的人表示请求。但是塞缪尔抓住了人们追求荣誉的心理,对症下药,用一个荣誉称号就引来了很多人的支持。这里所授予的荣誉称号就是头衔,它没有任何物质价值,但却是精神价值的最高体现。头衔让一个人在公众面前得到了认可,给一个人在心理上的满足感和成就感是任何物质都比不了的。也许你会表示怀疑,头衔真有这么神奇的吸引力,有如此特殊的功效吗？的确如此,头衔是最能打动人的一种公开的赞誉方式,很少有人能真正抗拒。

拿破仑为了能维持自己新创立的地位,争取拥戴者的支持,对赏赐从来不吝惜,他创立并封赐了许多崇高的头衔和荣誉。在成立自己的王朝之后,他制作了一种荣誉勋章,并且立刻将1500个以上的这种勋章授予了他的臣民;他重新启用了法兰西陆军上将的官衔,将这一高位授予了18位将官;同时给优异的士兵授予“大军”的光荣头衔。这些光荣的头衔,让他的臣民感激他、拥戴他,他新创的帝位也因此得到了巩固。

拿破仑正是不吝惜地向自己的臣民授予这样或那样的头衔,所以他的臣民都会感激他、拥戴他,使他新创的帝位得到巩固。尽管头衔是虚的,但是它们的功效却是非同小可。拿破仑就是用那看似毫无物质价值但却是最能打动人的头衔,让他的将士甘于为他浴血奋战,让他的臣民拥戴他。很少有人像拿破仑一样清楚头衔的价值,也很少有人能比他更懂得人是多么迫切地想得到光荣的头衔。

人们也许能经受住金钱的诱惑,能不畏于权势的威逼,但是对于来自公开的赞美,人们往往没有了抗拒力。一种让人精神上感到喜悦,但是又能显示自己能力的,是很少有人能够抵抗它的诱惑的。而头衔就是一种公开的

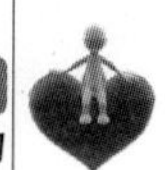

赞誉，它既是一种荣誉，也是一份精神上的慰藉；它能帮助实现人们的某种虚荣心理，也能使人有种满足感和成就感。聪明的领导总是授予下属们一些这样或那样的头衔，欣赏和肯定他们的能力，从而激发下属的成功欲望，让他们尽心尽力地工作，任劳任怨，甚至不求回报。

头衔对于每个人来说，是极具诱惑力的荣誉。如果你想让人努力工作，那么不妨授予他一个头衔，激发他成功的愿望。对每个人来说，任何其他物质上的奖励都远远不及精神上得到的喜悦，因为当授予他头衔的时候，就已经公开赞扬了他，而且是对他能力的欣赏和肯定，也使他为了荣誉而努力奋斗。

第8章 赢人心得信任，让他人主动为你帮忙

如果你想让他人主动给你帮忙，那么最重要的一点就是你要取得他的信任。与人相处，一句恰到好处的赞美、一个温暖的眼神、一束鲜艳的花朵、一个善意的微笑，都能让人感到。有时候，适当放低自己的姿态，也是为了更好地接近他人，如果你已经做到了这些，那么他就会对你产生信赖，甚至你们有可能成为无话不谈的朋友。

年轻人要懂礼尚往来，让对方看到益处

中国素来就有礼仪之邦的美称。所谓的礼，少不得有财货的成分。但是，仪，却不只是容仪，更有心仪。不只是巧言令色，还有真诚的敬佩感激。俗话说："投之以木瓜，报之以桃李。"这就是"礼尚往来"的道理，你对他人表示真诚的钦佩，对方也会对你有所回报。要想打开你的人脉通道，最简单的方法就是与人礼尚往来，这样不仅能拉近彼此的距离，也可以互惠互利。有时候，一句适当的赞美话，就能让人的内心得到一种满足，并由此产生感激之情。

小李是一家中型企业的销售部经理，闲来无事就喜欢上网，而且还拥有了自己的博客。他有个习惯，一有时间就将自己在商场打拼的体会、经验、教训、甘苦贴在网上。有一次，在浏览博客网页时，他发现了一篇十分精彩的文章，读完之后，他在网上发表了自己的读后感以及对文章的肯定和赞美。这样一来二去，他和作者就有了很好的交情，4 个月后，他们相约见面，交谈甚欢，对方甚至邀请他到他的企业去工作。原来，这位网友竟然是小李所从事的行业中第二大企业的老板。现在，小李已经是这家企业主管营销的副总经理。由于他们在网上不设防的交流，对对方的价值观、爱好兴趣、处事能力等已经有了比较透彻的了解，所以，小李与老板相处得很融洽。他还利用网络在全国十五六个城市结交了二十多位知心朋友，此举大大促进了他业务的开展，人脉资源的延伸取得了突破性的进展。

有的时候，我们给予别人的"礼"并不是物质上的东西，它或许只是一句

赞美的话，或许只是一分真诚的钦佩，或许只是让他开始尝试到成功的味道。但是，仅仅是这样，也能让对方心理得到满足，也会对你心生感激。他在感激之余，也会主动帮助你。“礼”在这个时候，还可以体现出人与人之间的互惠互利，知礼、守礼，与人正常交往，你才能拥有一个成功的人生。

怀特罗·利德是赫拉斯·格里莱手下的《纽约时报》的主编，当时他只想找一个能干的助理编辑。然而这位助理编辑不仅要自己能成名，还要能帮格里莱成为《纽约时报》的所有者和出版人。利德看好年轻的海·约翰，而当时的海·约翰刚在西班牙首都马德里完成外事任务，正准备去伊利诺伊州做律师。利德是如何使这个年轻有为的人抛弃原来的计划，来到报馆就职的呢？利德先请海·约翰去“智慧俱乐部”吃饭，吃过饭后，他请海·约翰去报馆玩。他从众多的电报中找出一条十分重要的消息，当时，正值负责新闻的编辑外出，于是他对海·约翰说：“帮我给明天的报纸写一段关于这个消息的社论行吗?”海·约翰当然不好拒绝。他的社论写得非常棒，格里莱特别满意。于是，利德又请海·维翰再待一星期，一个月，就这样，海·约翰成了报社的一名记者。就这样，这位年轻有为的人放弃了回乡做律师的计划，留在纽约做了一名新闻记者。

由于利德让海·约翰初尝了成功的滋味，才使得海·约翰甘心归于他的麾下。利德事先并没有冒失地说出自己的想法，一开始，他只是请海·约翰尝试做新闻工作，然后让海·约翰自己对新闻工作感兴趣，在这一领域中施展出自己的才干，并尝到胜利的滋味。这样，不仅激起了他的内心渴望和自尊心，还成功地激励了他。为了进一步获得成功的快感，他们就会很愿意在初步成功的基础上再次尝试。因此，奥弗斯特利在他的名著中说：“如果想知道一个人是否能影响他人，就要看他能否激发他人参与到他的事业中去。”

古人云:“人无礼则不生,事无礼则不成,国无礼则不宁。”每个人生活在社会上,都需要他人的帮助,想要打开你的人脉通道、积累你的人脉资源,最重要的就是不断交往、善于交往,礼尚往来,这样以情谊作为纽带的人脉资源才会更长久。

无意识的思想灌输最能起到作用

有时我们会遇到这样的情况,当我们想给别人一些建议或者忠告的时候,总是为采用什么样的方式而冥思苦想。如果我们直言相告,会担心他的自尊心受不了,而且我们的意见也不容易被接受。这时候,就应该选择用间接的方式告诉他,既让他察觉不出来,又能让他接受。“润物细无声”,在不引起尴尬的情况下,用自己的思想影响他人的意识。

巧妙地向他人灌输思想就是一个绝佳的好办法,把自己的意见隐入平常的谈话中,让对方不知不觉地受到启发,并渐渐地接受。这样既能很好地维护他的自尊心,又能使自己的建议、忠告得到采纳。古往今来,很多大臣或者下属都是采用这样的方法,向自己的上级提出建议,并且让他接受,达到“谏而不谏”的目的。

斯大林在晚年时逐渐变得独裁,“唯我独尊”的个性使他不允许世界上有人比他更高明,更难以接受下属的不同意见。一度提出正确建议的朱可夫曾被斯大林一怒之下赶出了大本营,但只有一人例外,他就是华西里耶夫斯基,他往往能使斯大林在不知不觉中采纳他的正确作战计划,从而发挥了杰出的作用。

华西里耶夫斯基的进言妙招之一便是潜移默化地在休息中施加影响。在斯大林的办公室里，华西里耶夫斯基喜欢与斯大林谈天说地地“闲聊”，而且还会在“不经意”中“顺便”说说军事问题，既非郑重其事地大谈特谈，讲的内容也不是头头是道。但奇妙的是，等华西里耶夫斯基走后，斯大林往往会想到一个好计划。过不多久，斯大林就会在军事会议上宣布这一计划，于是大家纷纷称赞斯大林的深谋远虑。

正是在那些看似不经意的闲聊中，华西里耶夫斯基慢慢用自己的思想启发了斯大林，让斯大林在不知不觉之间愉快地采纳了下属的建议，并把它作为自己的作战计划。真正聪明的进谏者会顾及他人的自尊，会在闲谈中的轻松氛围里巧妙地进谏，这样的进谏看似“不谏”，实际上已经进谏成功了。有时候，正面的言辞往往让对方的自尊心受不了，所以采用潜移默化的方法，把自己的思想在闲谈中表达出来，这样既不伤对方的自尊，又可以影响他的思想，使自己的意见和观点得到采纳。

莱芬维尔是一位著名的管理咨询师，有一次，他想说服一家公司的一名分部负责人更换一种新式指数表，而这名负责人是个刚愎自用的人，他拒绝在自己的部门做任何的改变。

于是，莱芬维尔夹着一个新式的指数表去找他，同时手里还拿着一些文件去征求他的意见。当他们在讨论文件的内容时，莱芬维尔不断地把指数表从左腋下换到右腋下，如此反复。终于，那位负责人问莱芬维尔：“你夹着的是什么东西？”

莱芬维尔随意地说：“哦，是这个么？这只是个指数表而已。”

“我看看行吗？”那位负责人问道。

这时莱芬维尔假装要走，并对他说：“你不会看这玩意儿的，这是专门给其他部门用的，你们用不着。”

“但我确实想看看。”

于是,莱芬维尔故意装作很勉强的样子,给他看了那个指数表。在那位负责人仔细端详那个指数表时,莱芬维尔随便但十分详尽地向他介绍了它的功用。

终于,负责人大喊一句:“谁说我们用不着?见鬼!我找这东西可找了好长时间了!”

莱芬维尔故意掩盖了自己的真实意图,巧妙地使那位刚愎自用的负责人接受了建议。如果他一开始就把新式指数表给负责人看,很有可能会遭遇拒绝。所以他巧妙地在谈话中,无意地说到这上面来,激起了对方的好奇心,最后让他自己愿意接受建议。聪明的人经常愿意牺牲自己可以得到的名声,而使自己的主张能够执行下去。只要对方能完全信任自己的建议,他就会十分满足。

向别人提出正确的建议时,如果害怕遭遇拒绝,怕伤了对方的自尊心。那么不妨试试巧妙地向他灌输你的思想。可能只是一次无意的闲聊,就会让他在不经意间受到你思想的影响,从而轻易地接纳你的建议。在他心里也会明白这是你的建议,从而对你心怀感激。

年轻人要懂得感情投资,获取他人信任

孟子曰:“天时不如地利,地利不如人和。”这里的“人和”就是关系、感情,古人早在几百年前就知道了感情的重要性。实际上,人际关系的实质就是一种情感互动,人们能从人与人的交往中得到温暖、友情和爱,从而对生

活充满热情。每个人都需要爱和感情的慰藉，感情投资正是通过满足人们人性的需要、感情的渴望而进行的投资。古往今来，无论是英雄豪杰还是企业成功人士，都十分注重感情投资。

胡雪岩说："欲无办大事之难题，必先倾全力做到圆世道、圆身心。"在胡雪岩的眼里，处理好人际关系是经商成功的一半。在这个处处需要人情的社会，人与人之间的关系大多是靠情来维系的。这就需要人们不断地进行感情投资，"没有春风，唤不来秋雨"，就是这个道理。有人问：世界上什么投资回报率最高？麦当劳日本分公司的社长藤田田的答案是：在所有投资中，感情投资花费最少，回报率最高。

藤田田在自己所著的畅销书《我是最会赚钱的人物》中提到，日本麦当劳每年支付巨资给医院，作为保留病床的基金。当职工或家属生病、发生意外时，可立即住院接受治疗。即使在星期天有了急病，也能马上送到指定医院，避免多次转院带来的麻烦。

有人曾问藤田田，如果员工几年不生病，那这笔钱岂不是白花了？藤田田回答说："只要能让职工安心工作，对麦当劳来说就不吃亏。"

藤田田的信条是：为职工多花一点钱进行感情投资，绝对值得。感情投资能换来员工的积极性，由此所产生的巨大创造力，是其他任何投资都无法比拟的。

藤田田成功的秘诀就是对自己的员工进行感情投资，每名员工都希望自己能够得到上司的肯定，如果受到了来自上司的关心，他会受宠若惊，发誓加倍努力工作。而藤田田正是洞察了员工这样的心理，以感情投资换来了员工们的积极性，也保证了自己企业的成功。感情投资所产生的巨大创造力，是其他任何投资都无法比拟的。有人说："世界上最难征服的是人心，世界上最易打动的也是人心。"感人心者，则莫乎于情。

人是感情动物,你在感情的账户上储蓄,就会赢得对方的信任。当你遇到困难时,就可以通过这种信任换来鼎力的帮助。每个人都有爱的需求,感情投资正是通过满足这样的需求,来迎合别人内心的渴望,因此,感情投资也是一种最有效的投资。

安德鲁·卡内基明白如何适当地去向他人发问,在与人交谈中,他总会在适当的时刻顺便问一两句你的私人事情,以表示他在记挂你正在做的事、你的喜好以及那些你认为他早就该忘记了的小事。对他来说,或许别人并不重要,但是他在见到别人时总会问些类似的小问题:“最近,你还打牌吗?”“你又去纳什维尔了吗?”“你的那个孩子又赢了几次赛马?”

安德鲁·卡内基也这样对待任何行业的人,对每个人他都表示出由衷的尊敬。

卡内基看似不经意的问候,其实都是平常生活中对他人的感情投资,一句简单的问候就能让他人对你产生信任之感。当你需要帮助的时候,你平时的感情投资就会换来莫大的帮助。你希望别人怎么对你,就要以怎样的方式去对待别人。如果你在银行开个账户,会把你平时闲散的资金储蓄起来,以备不时之需,你储蓄得越多,你的财富就越富足。同样道理,也可以为你的感情开个账户,为了维系你们之间的关系,而存入真诚的关怀、亲切的问候。你的感情账户存得越多,你们之间的感情就会越深厚,那么你得到的回报也就越多。

生活中,应学会关爱他人,善待他人,帮助他人,感染他人。一次真诚的探望、一束漂亮的鲜花、一条温馨的信息,这些看似很平凡的举动,都将在他人的情感上引起不一般的震撼。平时热情得体的言谈举止,哪怕是对他人的一句赞美或一个微笑,都是我们有意识或无意识地在进行着感情投资。我们付出了真实的感情和友谊,必将会收获感情和友谊,也会获得相应的回报。

要想获得信任，先肯定他人

一个人最大的愿望不是自己拥有多么大的能力，而是在于自己的能力能否被人所肯定。一个人的能力若是得不到任何人的肯定，他就不会发现自己的价值在哪里，而一个不知道自己价值的人，潜在的能力又怎么会释放出来？在生活中，我们也希望自己的能力能被人所肯定，哪怕只有一个人，也是对我们信心的鼓舞。凡是能够带领自己的团队并获得成功的领导者，都是一个善于赞扬别人的人，换句话说，他是一个善于肯定别人能力的人。他知道员工一旦能力受到肯定，就会激发出无限的潜力，爆发出惊人的创造力。聪明的领导者在肯定他人能力的同时，也获得了自己的成功。

安德鲁·卡内基的副手派伯是一位有些古怪又有些可爱的人。有一次，卡内基正准备在圣路易斯的某个地方为公司办事，而同行的派伯却突然想家了。他头脑一热，就想搭夜班车马上回匹兹堡。眼看着卡内基的计划就要毁于派伯心血来潮的行为之下了。在这关键时刻，卡内基灵光一闪，他没有乞求派伯留下来帮他把事情办好。相反，他不动声色地和派伯谈起了另一个话题。平时，他就注意到，派伯特别喜欢名马，并且对马颇有研究。于是，卡内基就对派伯说，以前他听人说过，圣路易斯专门产名马，因此一直以来，他就想给他的姐妹买匹好马，以供她们驾车，所以，他请求派伯帮他挑匹好马，暂时不要急着回家。听了卡内基的话，派伯果然心甘情愿地留下来了。

卡内基就是这样让着急回家的派伯留了下来，而且还没有一丝抱怨的情绪。卡内基肯定了派伯对名马的赏识能力，并且恰当地向他提出一些小小的请求，于是获得了成功。每个人都这样，当别人拜托自己帮个小忙，自己通常是会十分高兴的，特别是当他人所恳求的东西恰恰是自己最拿手的时，尤其乐意帮忙人。因为，在某种意义上，自己的能力得到了他人的肯定。有的时候，我们面对的仅仅是一个普通人，但是一旦你对他的能力表示肯定，他就会从原来的不自信变得异常自信起来，就会认为自己是优秀的，在工作中，他就会爆发出巨大的潜力。

有一位教育学博士在一所学校做过一个著名的实验：新学期开始时，博士让校长把三位教师叫进办公室，对他们说："根据你们过去的教学表现，你们是本校最优秀的老师。因此，我们特意挑选了一百名全校最聪明的学生组成三个班让你们教。这些学生的智商比其他孩子都高，希望你们能让他们取得更好的成绩。"

三位老师都高兴地表示一定尽力。校长又叮嘱他们，对待这些孩子，要像平时一样，不要让孩子或孩子的家长知道他们是被特意挑选出来的，老师们答应了。

一年之后，这三个班的学生成绩果然排在整个学区的前列。这时，校长告诉老师们真相：这些学生并不是刻意挑选出的最优秀的学生，只不过是随机抽调的最普通的学生。老师们没有想到是这样，都认为自己的教学水平确实很高。

这时校长又告诉他们另一个真相，那就是：他们也不是被特意挑选出来的全校最优秀的教师，也不过是随机抽调的普通老师罢了。这个结果正是博士所料到的，因为这三位教师都认为自己是最优秀的，并且学生又都是高智商的，因此对教学工作充满了信心。

校长首先肯定了老师们的教学能力，所以老师们自己也认为自己是最优秀的，从而对自己的工作充满了信心。最终的真相尽管并非如此，但是依然能使学生的成绩名列前茅。当然，其中离不开老师和学生的努力，但最重要的还是老师们的能力被肯定了，他们对自己的教学充满了自信，从而激发出无限的潜力。

生活中，给予他人适当的肯定，会让他觉得你是欣赏他的，同时也会让他对你好感倍增，并且信任你，感激你。肯定别人的能力，会增强他的自信心和自尊心；肯定别人的能力，会激发他内在的潜力；肯定别人的能力，也会使自己获得帮助。

年轻人要学会示弱，让他人在你面前做强者

每个人都希望自己能做一个强者，特别是在别人面前做一个强者。这样，既满足了自己的某种虚荣心理，又拥有巨大的成就感和自豪感。人际交往中，我们可以为了迎合别人的这种心理，而适当放低自己的姿态。有的时候我们需要别人帮忙，而他正具有这样的能力。那么，这时不妨让他做一回强者。我们要对他的能力表示赞赏和肯定，表示自己的敬佩之情，适当的时候还应表现出自己的谦卑。当我们的行为向他人传达一种信息：你很优秀，你很能干，在我面前，你就是一个强者，而我现在需要你的帮助。那么，他就会觉得自己是高高在上的，只是给你一点小帮助，这根本不是什么大事，并且会十分愿意帮助你。

让他在你面前成为强者，并展现他能力超群的一面。或者给他一个成

为强者的机会，在他面前，你表现得稍微逊色一些，他就会主动与你交朋友，真诚地信赖你，甚至愿意给你任何帮助，因为这是显示他能力的最好机会，他很愿意在你面前表现出他强者的一面，而我们也会获得他的帮助。

富兰克林年轻的时候在费城开了一家小印刷厂，在州议会的复选中，他被推举为宾夕法尼亚州议会下院的书记员。可就在这最紧要的关头，却出现了危机。一名新当选的议员在正式选举之前为难他，那位议员公开发表了一篇反对演讲，演说篇幅很长，措辞尖锐，在那位议员眼里，富兰克林简直一文不值。面对这种出人意料的状况，富兰克林有点手足无措了。

后来，富兰克林听说他收藏了几部十分名贵而罕见的书，于是，他给那位议员写了一封短信，表示自己十分钦佩他的学识，很想读一读他所收藏的珍贵书籍，希望他能答应自己的恳求，让自己得以饱览他那些珍贵的书籍。那位议员一接到富兰克林的信，马上就把书送过来了，一个星期后，富兰克林准时送还了那些书籍，还附了一封十分热情的信，表达了自己的感谢。

后来，富兰克林在议院偶尔碰到那位议员，那位议员开始主动跟富兰克林打招呼，而且十分客气友好。临别的时候，他答应富兰克林会尽他所能给予帮助。于是，他们成了很好的朋友，直到那位议员过世。

富兰克林通过向那位议员借书这一小小的举动，已经在向人们暗示自己很钦佩那位议员，十分推崇他。而那位议员发现自己以前反对的人居然是很敬佩自己的，他的心里马上对富兰克林的看法有了很大的转变。无论是谁，都无法对自己的崇拜者产生讨厌的感情。富兰克林的聪明在于他把自己放在了一个相对较低的位置，从而抬高了对方。这样，那位议员就好比高高在上的一个强者，而富兰克林只是在他下面向他请求给点儿帮助的人，这样一来，那位议员心里会感到相当受用，他会觉得自己备受他人尊重，在富兰克林心中，自己还是一个重要的人物。于是，他开始把富兰克林当成朋友，并且在事业上给予帮助。

生活中，必要的时候要学会放低自己的姿态。放低自己的姿态，并不是一味去奉承、讨好、巴结，甚至把对方当菩萨一样供起来。那是一种盲目地崇拜，虽然对方心里会很受用，但是自己的自尊也已经被别人践踏在地上了。我们所说的放低自己的姿态是适当放低，适当的低头是为了更好地接近他人，获得他人的信任或者帮助。给对方一句恰到好处的赞美，表示自己内心无比真诚的钦佩，都是在抬高别人。当我们把自己放在一个较低的位置时，无形中就把对方抬到了一个较高的位置。这时候，他在我们面前就成了一个强者，当他为自己所处的位置而兴奋不已的时候，也会愿意主动帮助我们。

为了获得他人的帮助，不妨自己先低低头，满足他人受人尊崇的渴望。让他在你面前成为一个强者，他就自觉处于一个受人钦佩的位置，这时我们在他下面向他请求帮点小忙，他就会对我们有所回应。甚至有时候，不用我们开口，他也会为了在人前显示强者的力量而主动帮助我们。

第三部分

社交中要懂得运用心理策略

第9章　隐藏自己，避实就虚影响对方的判断

俗话说："知己知彼，百战不殆。"要想在战争中取得胜利，就要了解对方，了解自己，只有这样才能打赢战争。在商业战争中也是一样，我们要想在竞争中获胜，就要足够多地掌握对手的信息。反过来，如果我们将真实的自己隐藏起来，而给对方错误的信息，那么就会诱导对手做出错误的判断，从而战胜对手。

不动声色的话题转移能避免尴尬

当你突然面对别人的提问不好直接回答的时候，不妨回避这个问题，从另一个角度发表自己的见解。如，你的一个女性朋友审美趣味在你看来很特别，总是喜欢一些稀奇古怪的东西，而这些东西在你眼里看来都是不入流的。一次，她出去游玩，回来时带来一个手袋，那手袋长相怪异，在你看来简直是丑到家了，但是她非常喜欢，在你面前左右比划，洋洋得意。突然她问："你说我的手袋是不是非常好看啊？国外这种款式很流行呢！"你不好直接将自己的想法说出来，免得大家尴尬，这时你可以转移话题说"对不起啊，人有三急，我要去趟卫生间"或者"先给我说说都有什么好玩的、好吃的吧？下次我也去看看"等，巧妙地将对方的注意力转移至别处。

生活中，有很多事情并没有严格的是非、好坏之分，每个人的思想观念不同，审美趣味不同，所处的角度不同，对同一件事物也会有不同想法，当你跟别人的想法不一致时，没必要非要强迫别人接受自己的想法或意见，也没必要驳斥他人的论点，面对他人的提问时，不妨避开双方观点的冲突处，从一个相关但不相对的角度，给予对方回答，这样既坚持了自己的想法，又没有正面否定他人的想法，双方还是在友好的氛围下交流意见，何乐而不为？

电视剧《手机》开播之后非常火，电视台将《手机》中的男主角陈道明先生和该剧导演请出来做客。陈道明先生面对主持人的提问，表现得机智幽默，不时赢来观众的掌声，陈道明先生在回答自己对婚姻的理解以及自己与妻子、孩子之间相处时的态度和想法时，让别人都觉得他是一个非常好的丈

夫,一个非常好的父亲。就在这时,坐在一旁的女主持人突然说:“我觉得女人嫁给你未必就快乐,我就受不了,丈夫回家不太爱跟我说话,心里有什么想法也不告诉我,那我真要崩溃了。”她的意思很明了,就是认为陈道明未必是一个好丈夫。陈道明想都没想回答:“哦,那咱俩不合适,你跟我们导演比较合适。”面对这样的提问,陈道明没有改变自己的初衷,也没有正面回答她的疑问,成功地将观众和主持人的视线转移。

有时候,面对他人的质问,我们一时没有办法回答的时候,不是因为双方的观点不同,而是因为自己真的找不到合理的答案给予答复,这个时候,我们可以扯些与主题无关的题外话,尽量解释“相关”的问题,就会转移对方的注意力。比如,在一次酒会上,你的朋友为你引见了一位外国朋友,你们相互了解之后,那位外国朋友对你说了一件关于自己的趣事,并且突然提出疑问:“你觉得我这件事办得怎么样?”而你对这件事情可能并不是听得很清楚,但是为了不让自己在外国人面前丢脸,你可以这样说:“哦,你是美国人,当然应该按照美国人的想法行事了。”对方便会觉得自己的所作所为确实符合美国人的思维方式了。但仔细一想,在这个问题上你并没有表明任何自己的看法,而对方却以为你已经将自己的观点表达出来了。因此,要想回避问题,可不对质询或问题做正面的答复。而以郑重其事的态度说出“在进入这个问题之前……”的话,令人觉得你将解释相关的问题,结果却说些无关痛痒的话。

面对尖锐问题,年轻人要善于搪塞

在谈话遭遇他人的刁难或者遇到自己不愿意回答的问题时,不妨来点搪塞之词。这些搪塞之词表面看起来理由充分,简单明了,但实际上却避开了问题的要害。

当我们遇到不怀好意的人提问时,如果我们正面回答,就有可能落入到别人的圈套,给自己带来不必要的麻烦;当我们面对他人的追问而不愿意回答的时候,直面拒绝可能会得罪人,还给自己的形象带来负面的影响;当别人不小心触到了我们的隐私时,沉默不语或是直接拒绝都会引发尴尬。那么,面对上述种种情况我们该如何巧妙地应对呢?不妨来点搪塞之词,这样,不仅避开了问题的要害,而且双方面子上都过得去。

例如,很多明星出席发布会或者记者招待会的时候,总会遇到一些自己不愿意回答的问题,比如有位娱乐记者问舒淇:“舒淇小姐,你觉得刘德华跟郭富城哪个更帅,更有魅力?”舒淇笑了笑说:“这个没办法比较吧?只能说各有特色,各有各的魅力所在。”如果舒淇避而不答,会被娱乐记者指责“耍大牌”;如果舒淇回答是其中的一个,那么不管是哪一个,都会让娱乐界大肆渲染报道,甚至衍生出很多无谓的猜测。而舒淇的回答笼统而概括,避免了问题的锋芒,既不失自己的风度,又表明了自己的观点。

给对方“先入为主”的意见,影响其判断

心理学揭示:人们对事物的看法受到对该事物原有印象的影响。反过来运用这一原理,为使对方对事物形成某一判断,就要多向对方显示该事物的相关印象。

这一方法可以运用在初次见面的人身上,有助于重新树立自己的形象。

因为初次见面的人对以前的你不甚了解，他们往往会以你给他们的第一印象来给你做出相应的评价。所以很多人都说第一印象很重要，其实说的也是这个道理。第一印象会给他人先入为主的印象，如果在初次见面之后，你有意在以后的几次见面中维持自己给对方的第一印象，那么，往往你的第一印象就是你在对方头脑中根深蒂固的印象了。如你平时做事雷厉风行，给人一种坚决果敢、不近人情的感觉，这种作风就有可能会帮助你在下属心中树立威信，帮助你在工作上取得成就。但是在爱情中，女人有这种作风就不太好，男人一般不希望女人太强悍，于是面对相亲时初次见面的男性，如果你有好感，希望能够跟对方进一步接触，就要抛开平时工作时的作风态度，而改以温柔端庄或者小鸟依人的面目示人了。你给对方的第一印象往往会让对方对你形成一个大致的认识与评价，如果他们觉得感觉不错，就会希望有进一步的接触。

生活中，如果你想给一个人留下某种印象，不妨从初次见面时就以某种形象来先入为主地影响他人，比如，你要显示自己是一位开明的革新派，在与对方初次接触时，便可在服饰方面使用新潮打扮，并说一些很有气度的宽宏语言，这样，即使你后来表现出了守旧的一面，对方也会误以为你是新潮人物，只是在某些方面更有自己的个性而已。

第10章　乱其阵脚，年轻人要削弱对方自信

我们都知道，在谈判或是辩论赛中取胜的，往往是那些镇定自若、自信大方的人，因为那不仅给旁人一种说服力，而且那份自信也会让对手更好地将自己的水平发挥出来。面对那样的对手，我们不妨想方设法削弱他的自信，让其自乱阵脚，如此，便能轻而易举地战胜他！

偶尔举出的事例能让对方思维混乱

有些人说话条理清晰，合乎常识，别人即使知道其说法不成立，也很难辩驳。这种心理战术也正是诡辩术的一种。那么，面对这样的情况我们该如何对待呢？不妨让他们为他们的抽象的理论来举些例子，或是想办法找个与他们论点相反的例子来反驳他们，那样，他们的思路便会被打乱。

例如，有一个男生因为自己的花心被一群女生攻击，这男生颇有几分口才，毫不介意，并且滔滔不绝地讲起大道理，说什么男人的花心一方面是动物的本能，因为动物都会希望将自己的基因传给更多的后代，这是生物进化的本能；一方面是历史的遗留问题，因为古时候都是一夫多妻制，而一夫多妻制的历史很长久，它的结束不过才很短的一段时间，男人的天性里就有寻找更多配偶的欲望，所以，男人花心是天性，男人好色也是天性，所有男人都一样。他说得慷慨激昂，似乎真理就在自己那一边。旁边的女生忍不住反驳说："什么叫动物的本能？很多动物都是终身一个配偶的，像天鹅、鸳鸯等，还有什么所有男人都花心？柳下惠花心吗？太监花心吗？我们班那谁谁花心吗？我看你就是为你自己找借口。"男生没想到会遭遇这样的反问，一时语塞。

世界上有很多人都喜欢空谈大道理，就如纸上谈兵的赵括一样，道理讲得精彩绝伦，似乎无懈可击，然而一旦运用到现实生活中，便会出现很多纰漏，或者压根儿就没有考虑过现实的情况，经不起实践的考验。当我们面对这些自我感觉良好，夸夸其谈的人时，不妨让其举个例子来说明，或者我们举个例子来反驳之，便会让对方措手不及，无所适从。

希腊哲学家芝诺有句名言："飞行的箭是不动的。"因为在某一刹那飞行中的箭像是静止不动的一样，如果把所有的刹那综合起来，无数个不动加起来还是不动。这种说法听起来似乎很有道理，使人心理上产生一种似是而非的混乱感。当你对别人说："飞行的箭是不动的。"并且自以为已经懂得了它的道理时，别人可能说："对不起，我不知道是什么意思啊，能不能给我举个例子？"你就会不知所措了。

苏格拉底曾说："我很了解，但什么也不懂。"人们懂得这种事物，但实际上了解的程度有深有浅，而且极少对这种了解层次进行反省，即便反省也不严密。在会议结束前，主持人总说："好啦，都知道了。"但这只是表面上通过了，其中有人似懂非懂也说不定。

对有条理的话不好辩驳的原因是，你一直在听对方的理论，产生了一种好像懂了的感觉，就像很多学生在听老师讲那些抽象的理论知识一样，老师一步一步讲下来，说得很通，都觉得很有道理，都觉得自己也懂了，可是一到自己做起题目来，似乎又蒙了，不知道该如何运用理论，不知道该如何下手去做了。

这种谈话通常都比较抽象，如果在更具体的事例上进行推敲和探讨，很快会露出破绽，所以我们这时最好采用质问的战术。例如，某人说："我们应该运用开创性的意识……"那么就问他："怎么去运用开创性的意识啊？"表示我们听不懂他的话，要他举例说明。换言之，不要轻易接受抽象的言论，要通过具体的说明来彻底了解。我们做了这样的质问后，对方就很难再行云流水般地说下去，思路就会被打断，情绪也可能会烦躁不安。

这种扰乱术更直接的表现就是说："我不懂，请您举个例子。"尤其是当你跟权威人士交谈时，用这种办法就能扳回一些心理优势，而不懂装懂只能处于被动挨打的位置。

对滔滔不绝者，年轻人要打断其逻辑

在日常生活中，对侃侃而谈的人们，我们最难说服她。如用一般方法，会中对手的计。但一味沉默，也等于承认对方占了上风。所以，应该采取措施，将对方拉入自己的轨道。

对付这类棘手的人物，要先干扰他的思路。那就是我们假装对他说的话很感兴趣，或者假装自己觉得他所说的话很有道理，但是时不时地插上一两句话，或者提几个问题，如："不好意思，我去趟洗手间。""恩，有点道理。""为什么会这样哪？""真的吗？"这样几次三番下来，对方说话的逻辑就被打乱了，结果在之后的谈论中他纰漏百出，从而使自己获得反驳的机会。

一个研究生被自己的导师选上去担任他的助教，助教就是在导师不在的时候，为他带带低年级的课程。这天，导师有事，他将教材交给这个研究生，并交代他上课事宜，这位研究生非常优秀，并且对自己非常有信心，他觉得自己教本科生是没有问题的，于是他事先做了些准备，他的那些准备都是他掐着时间算的，他觉得差不多一堂课可以讲那么多。然后，他就进课堂了，在课堂上他讲得眉飞色舞，将自己准备的东西一下子倒了出来，正在他得意洋洋的时候，他的学生纷纷举手向他发问，有些问题，他有准备到，有些问题他没有准备到，这让他有点措手不及，他吞吞吐吐地回答他的学生，自信心正在一点点地消失，到最后他连自己准备的东西都不知道该如何说了，他感到心虚，甚至觉得头重脚轻了，没办法就直接跟学生说："这堂课就讲到这里吧，大家自习。”

对于一个没有任何授课经验的人，无论他事先准备得有多充分，遇到他人突然袭来的提问，都会有点措手不及，他一紧张，逻辑就会出现混乱，以至于之前准备的东西都忘记了。

当对方正在侃侃而谈时，不妨设法打断对方的思路、逻辑，便会为自己赢来反攻的机会。这种心理技巧在西方议会论争中经常用到。官员所说的话都是事先准备好的，议员不是很容易能破坏它的逻辑思路。老经验的议员会赞成官员所说的一切，并审时度势，抓住机会采取手段打断他的一连串话题，使其信心崩溃，说出真心话。对付滔滔不绝、口若悬河的人，用此方法尤具效果。

对优柔寡断者，年轻人要下最后通牒

在我们生活中，有很多人做事优柔寡断，一拖再拖，迟迟不肯下决定；在商业谈判中，有些人做事优柔寡断，做决定时犹豫不决；有些人则故意一拖再拖，跟我们打消耗战，这类人最难应付。在惜时如金的现代社会中，往往稍一迟疑，就会失去大好时机。产生优柔寡断的原因是什么呢？其中便有人们的“尚未意识”和“再意识”的作用。

什么叫做“尚未意识”？布洛赫在他著名的《乌托邦精神》中为其做了如下的讨论：人们一般无法经验现在，所以生活瞬间始终是黑暗的，是无法被意识到的，或者说，尚未意识到的。由于“自己”总是现在这个自己，因此从原则上来说，它也不可能在任何过去的瞬间和未来的瞬间通过我们自己呈现出来。也就是说,在每一个当下,我们对自己都毫无意识。这种无意识既不属于记忆,也不属于过去,它总是还没有成为意识。因此,可以把它叫做尚未意识。例如,很多大学生在校期间都会萌生考研的想法,但是对于考研的目的及考研之后情况毫无意识,他们中的一部分人并没有意识到考研这个结果会给自己的未来带来多少影响,这就是人们的尚未意识。对于那些优柔寡断的人,他们有可能是根本还未意识到事情的紧迫性,或者并没有意识到早作决定或者晚作决定会带来什么不同,所以他们一直拖着。

"不用那么急,还有点时间,我要再考虑考虑","再看看吧,也许会有更好的结果","再等一等",这种"再意识"也总是让人们无法马上把一件事情决定下来。面对这样的情况,我们该怎么办呢?最好的办法就是暗示他们这是最后的机会,再花些时间也不会有更好的结果,促使其更快地下决定。

例如,一个商场里正在搞促销活动,很多人都被吸引过来,但是逛的人很多,真正立刻就买的人却并不是那么多。这时,有些深谙顾客购物心理的促销员就告诉顾客:"今天是促销的最后一天了,明天就没有了,今天买酒特实惠,过两天涨价了,要贵得多呢!""就这些天促销,很多顾客都买,我们库存也不多了,没剩几件了,再晚了就没了。"于是,很多正在犹豫的顾客就乖乖地掏腰包,将东西买下。再如,一个女孩在试一件衣服,导购看出来她非常喜欢,但是她还是犹豫不决,欲买还休,这时,导购说:"小姐,今年这款卖得特火,很多人都在买,现在只剩下这一件了,卖完就没了。"于是,女孩就打消了继续观望的想法,痛快地买下了那件衣服。

那些下最后通牒的做法会让人们对自己的观望想法失去信心,使他们意识到由于自己的迟疑、犹豫很可能会导致自己失去一次好的机会,因而他们往往在他人下了通牒之后,便即刻下定决心。

为促使对方快速给我们一个明确的答复或者快速做出决定,我们可以给对方下个“最后通牒”，令其明白他所期待的更好结果是不存在的。对犹豫不决的人，告诉他“这是最后的机会”，即使很犹豫的人看到了也很动心。而且这个人越是好犹豫，此话越有效果。

年轻人多“提醒”对方，让对方紧张

心理学研究表明，人们往往越是在意什么，就越有可能在那上面犯错。比如，一个射击运动员越是告诉自己要打中靶心，就越是打不中靶心，甚至可能会打偏，成为无效成绩。那些心态轻松的射击运动员却往往能够取得不错的成绩，甚至可能会超常发挥。再如，罚点球是足球赛最扣人心弦的时刻，很多运动员告诫自己：不要放高射炮，结果反而射高。许多球星认为，罚点球时，先确定要射某个角度，而后毫不犹豫提脚就射，这种办法通常最有效。所以，有经验的教练比赛前，从不重复嘱咐这个运动员这样，警告那个运动员那样，因为那么做只会适得其反。

上述例子告诉我们，人的心理奥妙无穷，往往你越是告诫自己不要犯什么样的错误，就越会促使自己犯那样的错误。

同样的，当你越是禁止他人做什么，告诫他人一些注意事项，他人往往会朝着你所警告的方向上走去。比如，你告诉儿子不准动你的梳妆盒，那么，当你不在的时候，他反而好奇心大发，非要打开你的梳妆盒看个究竟，这是一种不可思议的原始本能。中学期间，异性同学可能存有朦胧的爱意，但是为了前途并不是那么急于谈恋爱，如果学校一再明令禁止，一些高中生反而会形成一种“逆反”心理。

几乎所有人都存在这样的心理。于是，一些聪明人会利用这样强调注意事项的办法成功瓦解对手的心理防线，让对手产生重重顾虑，从而影响了自己的发挥与判断。譬如，在高尔夫球场上故意温和地问对手说：“要是打出去的球半路上向右飞的话，会落进池塘。”或“这个球离洞这么近，千万不要打歪啊！”听了这些“好话”，打出去的球不可思议地不是向右飞，就是打歪了。

过分强调注意事项，对方反而会紧张，因而面对强大的对手时，我们可以采用此种心理战术来削弱他人的自信心，从而减少战胜对方的难度，增加成功的概率。

年轻人要有耐心与优势对方进行斡旋

无论你是在商场购物还是与对手进行商业谈判，需要与人讨价还价的时候，耐心地与你的对手周旋，便可削弱对方的战斗力，动摇他的判断力，为你赢来主动权。

美国一家杂志社专门介绍怎样以最便宜的价钱买衣服。杂志中这样写道：当你在商店看见自己喜欢的衣服时，不要动声色，更不能让店员猜出你究竟喜欢哪一件，而应耐心地与店员讨论其他衣服的优缺点，反复试穿。等到店员产生了倦怠，而不知道客人是否是真心想买时，才拿出你喜欢的那件，对满脸不高兴的店员说：“我想买这件，不过你可减价多少才卖呢？”平常绝对不讲价的店员，如果碰上这种花很长时间选择商品的顾客，而店员又花了很多力气、很长时间接待他，在店方看来，这位顾客不买什么东西就离去，仿佛商店受了很大的损失似的。由于强烈的销售欲望,因此往往会很轻易地答应你的要求。

先将对方弄到灰心丧气的地步,从而削弱对方的战斗能力的心理战术,在生活中常常被人使用。比如,男孩们希望跟自己的女友有进一步的发展,他们经常使用的伎俩就是软磨硬泡,厚着脸皮每天跟着自己的女朋友后面磨嘴皮,时间一长,女孩的心理防线就被突破了,答应了他们的要求。再如,一个小孩让他的妈妈给他买一个玩具,他妈妈当时没有答应,以后隔几天他就会跟他妈妈提出买玩具的请求,隔几天就哭闹一次,后来妈妈被弄烦了,答应把玩具买回家。

在与他人交涉的时候,一般谁有耐心,谁足够坚持,谁便会取得最后的胜利。虽然这种方法很单纯、原始,似乎没有多少技术含量,但是,如果你一直坚持自己的原则,绝不退却,对方看到你的这种态度,终究会产生心理动摇,从而有所妥协。可见,心理作战具有相当威力。一般来讲,在对方处于比自己更优越的位置时,你会感到缺乏攻击对手的有效手段。这时,使用上述战术往往能收到奇效。

第11章　掌握技巧，年轻人要瓦解对方心理防线

警察在审问嫌疑犯时，特别是遇到些拒不认罪的嫌疑犯，会经常使用各种方法瓦解嫌疑犯的心理防线，从而让嫌疑犯说出真相。每个人都有一个心理防线，轻易不让人靠近，可是一旦这个心理防线被他人攻破，就会像木偶一样，任由他人摆布了。在商业谈判或是其他商务活动中，如果掌握了瓦解对手心理防线的技巧，便有助于在这些竞争中获得主动权，增大取胜的概率。

几句人情话就能让对方心软

日常生活中，有些人说话过于随便，不喜欢客套，特别觉得跟自己关系不错的人，不必多说人情话，其实，这是不正确的，不管别人跟自己关系有多亲密，嘴上的几句感谢之词都必不可少。因为人们都有这样的心理：对于自己的付出，当然希望对方也能给予一定的回报，至少要懂得感恩，才能让对方觉得自己没有白帮这个忙。

就拿朋友间的往来来说吧，在一起时间长了，彼此之间时常会相互帮忙，对于朋友的帮忙，有些人心存感激，但是不舍得说几句好话来感谢别人，有些人则在别人帮助自己之后，适时送上一句："那件事真太麻烦你了，哥们谢谢你啦！"想想哪种方式更受人欢迎？哪种方式会让人心里更舒服？当然是后者了。

其实，我们当中的很多人在帮助别人之后，也许并不急着要求别人对我们回报什么，但是如果别人连声"谢谢"都不说的话，我们又会觉得自己的辛苦有点不值，心中会愤愤不平，以至于下次再也不那么卖力地帮助他了。其实说白了，感谢或者好听的人情话有时候是促使他人帮忙的一种动力。

从另一方面来说，人情话也是一种有效突破他人心理防线，让他人主动帮忙的一种心理技巧。其实，人在内心深处都有对弱者的同情心，都有一种主人公意识，恰当的人情话会诱导他人同情心大发，便可诱导他人的主人公意识的觉醒。

人非草木，孰能无情？关键时刻，人情话会发挥无穷的力量，起到意想不到的效果，能够很快突破他人心理防线，让对方为之动容。

年轻人学会用假动作干扰对方的判断力

历史上有很多以少胜多的战例，这些战例并不是完全靠自己军队的实力取胜，而是靠统帅的智谋，出奇制胜的策略，比如“空城计”、“离间计”等，其中还有一个行之有效的战术便是以假动作扰乱对方的视线，让对方判断失误。

东汉末年，黄巾军揭竿而起，起义部队日益壮大。北海太守孔融被围困在都昌城中，黄巾军的围攻越来越紧，孔融只好让太史慈带兵突围，去请皇叔刘备前来援助。黄巾军把城围得如铁桶一般，怎样才能冲出去呢？太史慈想出了一个计策。太史慈骑马持弓出了城，后面有几个人拿着箭靶跟着。外面围成的黄巾军十分惊骇，马上严阵以待，准备厮杀。而太史慈则到城下的堑壕内，支好箭靶，往来驰射。射了一会儿，便回城去了。过了几天，太史慈有出城射箭，围城的人大多不以为然，只有少数人还在观看。这样十来天过去了，围城的人也都习以为常，他们躺在地上，一动也不动。有一天早上，太史慈照例出城射箭，突然跃马扬鞭，冲出重围。等黄巾军想追赶时，已经来不及了。不几天，太史慈搬来救兵，解了围城之困。

太史慈正是一开始做一些似乎无关紧要的事情，并且重复不断地做，直到黄巾军对他彻底失去戒心，等到黄巾军一懈怠，太史慈便抓住机会突出重围。表面上一些毫无意义甚至有些愚蠢的事情，却可以达到麻痹对手，分散敌手注意力的效果，从而为自己找到解决问题的突破口。

还有一些假动作是为了隐藏自己的实力或是隐藏自己内心的真实想法，从而让对方麻痹大意，中了自己设立好的圈套。

西周春秋时期，郑武公迁都褫邻之间，为区别陕西郑国，又叫新郑。他又在新郑西北部建立京襄城，在制邑建立关卡。郑国渐渐强大起来。不久郑武公的夫人武姜生了一个儿子，因不是顺生，取名为寤生，武姜很不喜欢这个儿子。过了几年，武姜又生了一个儿子，取名为叔段，武姜非常宠爱叔段。随着两个儿子渐渐长大，武姜常常在郑武公面前夸奖叔段，称赞他聪明能干，要求郑武公立叔段为世子。郑武公觉得寤生并没有过错，坚持立寤生为世子。公元743年，郑武公因病去世，年仅13岁的寤生继位，即郑庄公。过了几年，武姜见叔段长大成人，要求庄公把制邑封给叔段，庄公不允。她又要求庄公将京襄城封给叔段，庄公只得答应。叔段到京襄城之后，称京城太叔，招兵买马，修筑城墙，准备将京襄城作为谋反的基地。庄公早就看出了叔段的阴谋，但是他在群臣面前却说："太叔跟我是兄弟，兄弟之间不能随便猜疑，以免伤了兄弟情分。"在私下里，公子吕进宫献计说："将来太叔要与武姜合谋造反，您还是早有准备为好，等太叔实力太强就不好收拾了。"庄公说："让他干，不理他，多行不义必自毙。等他叛乱的时候我再治他的罪，武姜也无话可说了。"庄公的"姑息"让叔段更加肆无忌惮，最后终于因为造反，野心暴露，而受到了应有的惩罚。

庄公面对叔段的做法采取的是"姑息养奸"、"睁一只眼闭一只眼"，让叔段觉得庄公对自己没有戒备之心，从而掉以轻心，有恃无恐，掉进了庄公早就设计好的陷阱之中，最后落得可悲的下场。

在对手面前采取一些假动作，便可以蒙蔽对手，让对手的判断能力大大降低，出现错误的判断，从而为我们赢得先机，赢得主动权。当然，这些假动作要在充分了解了对手的心理特点之后，才能更好地起到作用，比如，庄公

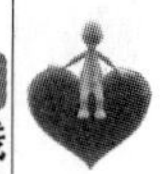

知道叔段恃宠骄纵，不把别人放在眼里，为人浮夸，不识人心，才会觉得自己的“姑息”，是因为迫于武姜的压力或是因为兄弟的情分，进而掉以轻心，有恃无恐。

想要让对方答应你的请求，先提出一个过分请求

世界上的所有生物都有一个共同的特性，那就是趋利避害，我们人类就是其中的高手。当两个选择摆在人们面前的时候，人们往往会选择那个对自己有利的选项，而不会选择那个对自己相对来说不利的选项。

我们在商场买衣服的时候，经常会有这样的情况发生，你看中了一件非常漂亮的连衣裙，款式、颜色、风格都是你的中意类型，你很想把它买下来，但是看看标签，比你预想的要高很多，比如，凭你多年的购物经验，你觉得那件衣服值300元，但是标签上标着400元。这时你会跟导购小姐说：“200元怎么样?”导购员说：“200元绝对卖不了。”你说：“你看这衣服的款式也不是新款，面料也不是特别好，我觉得它就值200元。”导购员说：“小姐，你真会开玩笑，200元真的不能卖，都进不来呢!”你说：“那你最低多少能卖啊?”导购员说：“我看你也诚心买，最低320元卖给你吧。”你说：“300元吧，咱们互相让一步，行吧？300元不行就算了。”导购员说：“哎哟，小姐你可真会讲价，300元真不赚你钱。”就这样，你花300元买回了那件连衣裙。

如果你一开始就提出300元买那件衣服，结果往往就买不到，可能320元，也可能是340元，导购员才愿意卖给你。为什么呢？第一，对方觉得没有说服你加价，没有成就感；第二，没有一个较低的参照物，对方的心理期望值

比较高。当你出一个很低的价格时，导购便会自动降低自己心中想要卖出那件衣服的价格，而当你再次提出一个相对高些的价格时，只要不比对方的心理期望过低，对方一般都会接受的。

所以当我们希望别人能够接受自己要求的时候，不妨先提出一个更为苛刻的要求，如果对方表现出为难，再提出一个相对简单的要求，当其中二选一的时候，对方一般都会选择后者。而这个方法反过来用也很奏效，即我们先提出一个相对简单的要求，对方还是不情不愿的时候，我们再向对方提出一个更为严苛的要求，并且规定只能二选一，这时候，一般人还是会选择相对简单的请求，尽管可能还有表现得有些勉为其难。

一家报社要分派一批记者奔赴国外驻守，小李被他的上级安排去越南，但是小李一直不愿意去国外，他觉得留在国内总部更好，当上级通知小李的时候，小李撅着嘴说："越南那地儿太小了，还穷困。"上级威严正声回答："你要是不愿意去越南，跟小张换下也行，他正好被派到非洲去。"小李立即说："好好好，我去越南还不行吗？去非洲条件更差。"

当越南跟非洲让小李选择时，小李觉得还是越南好点，于是，即便千万个不愿意，还是答应去越南驻守。

年轻人先攻击对方忽视的小问题，可使对方动摇

在某公司的股东大会上，一切议程顺利进行，临近结束的时候，一位股东张先生突然站起来说："在这么重要的会议上，总经理为何盘腿而坐呢？"总经理赶忙把脚放开端坐，张先生继续发难："经人提醒才能改变态度，怎么

能够胜任总经理的职务？”当然，重要的刁难不至于对股东大会造成重要影响，但已使总经理及其下属产生了很大的心理动摇，张先生的印象深深地烙印在他们的脑海里，以后在打交道的时候，张先生便得到了很多的便利。

为什么会这样呢？因为公司在总经理的领导下，业绩很突出，各项准备都做得很好，于是总经理就有点掉以轻心，对那些行为礼仪上的细节有所忽略，而当他受到张先生的攻击时，显然有点措手不及，大出意料之外，尤其是第二句直接诘问担任总经理的资格问题，难免会让总经理及其下属心中产生动摇。

这就像是拳击比赛一样，如果一方朝着对方没有防范的地方发动攻击，那么一般都会让对方手忙脚乱，失去防御能力，并很快败下阵来。这种方法在辩论赛或者律师庭辩的时候也经常会用到，往往会取得意想不到的效果。

例如，《律政俏佳人》里最精彩的一段女主角 Elle Woods 替好友打官司，当庭论辩。案件是这样的：Elle 的朋友回家时发现她的丈夫倒地，身上流了很多血，她伸手去触摸她的丈夫，这时她丈夫前妻的女儿刚好出现，看见这一幕，她前妻的女儿便报警，说是 Elle 的朋友杀死了自己的丈夫。案件似乎一目了然，没有任何有利于 Elle 的证据，来证明自己的朋友是无辜的，Elle 有点心虚地问着：“案件发生那天你在干什么？”前妻的女儿说：“我早上起床，喝杯咖啡，锻炼身体，然后去烫了下头发，之后去洗了个澡。”Elle 突然心中一震，找到解决问题的突破口了，她立刻自信而又慢条斯理地问：“那请问你烫过几次头发？”对方回答：“从 12 岁开始，每年 2 次。”Elle 说了一个小故事，她的朋友曾经因为烫过头发之后不久，就洗澡，犯了一个事故，因为烫过头发之后不可以立刻洗头，因为那不仅会因为头发与谁接触后产生一种危害身体的物质，而且，立即洗澡也不利于头发的成型。前妻的女儿听到这里慌了，Elle 依然咄咄逼人：“难道你一个烫了 30 次头发的人会不懂这个规则吗？

而且就算你撒谎说你去烫头发了，别人也不会发现，因为你的头发看起来很完好，就像刚刚烫过。"前妻的女儿已经慌了，说："你怎么会明白我的感受，看着自己的父亲跟一个和自己差不多大的女人亲热?"Elle 不理会这些，依然紧追不舍："那么，如果你没有出去烫头发，说明你有时间来阻止事情的发生……或者当你开枪将自己的父亲打死之后，将手枪藏了起来?"前妻的女儿彻底崩溃，说："我没有开枪打死自己的父亲，我看见是你从过道走过。"她的手指指向了凶手，而这个凶手不是 Elle 的朋友。案件审判结束，Elle 赢了这场官司。

当人们觉得一切事情都已成定局的时候，往往在心里会产生松懈，从而面对别人的提问掉以轻心，不经很多思考就脱口而出，而这些往往被那些有心人抓住把柄。当被对方抓住某个自己忽视的问题追问不休的时候，人们往往会有种措手不及的慌乱感，而这个时候人们会因为过度紧张而大大降低自己的反应及判断能力，心理极不稳定，容易产生动摇。

因而，要想让对方的心理产生动摇，不妨找到对方未设防的小问题，并反复不断地进行攻击，对方就会措手不及，心理紧张，产生动摇。

年轻人先对其喜欢的事物进行批评，让对方动摇

生活中的每个人对于自己引以为傲的地方都是十分在意和自信的，会有一种超越其他人的优越感。而假如有人批评或诋毁让那些让我们自己引以为豪的事物时，我们就会有种挫败感，而心理素质稍微差些的人，甚至会为此寝食难安，焦虑不已。

古时候有一个少年，非常英俊，有才气，周围的人都很赞赏他，只要一出门，街坊邻居看见了都要当面夸奖一番，久而久之，少年便觉得自己真的是天下第一帅，文采是天下第一好。后来有一次，村子里几个外地年轻之辈，一路游山玩水过来。他们听说村子里有个少年很出名，人传天下第一帅，一定去看个究竟。后来经人指点，来到少年的家中，少年出来迎接客人，几个游者看见了少年说："长得也算标志，不过离天下第一帅可差远了，你们真是孤陋寡闻哪！"之后，几个年轻人便走了。少年却从此寝食难安，做什么事情也没有以前的那种兴致了，出门见人也不爱笑了，开始非常自卑起来，不久就得了自闭症，再也不出大门一步。

一个英俊帅气的少年，本身很在意自己相貌，并以此为傲，只因别人几句话，就让他对自己相貌的判断产生了动摇，并对自己失去信心，终于变得自闭。我们生活中的很多人，在与对手交战的时候，都或多或少地受到过别人这样的攻击，他们故意攻击我们很在意或引以为荣的地方，从而激起我们的怒火或者勾起我们的不安，让我们被其玩弄于股掌之间。其实，对于别人的这种做法，如果我们懂得他这样做的目的，并且对于自己有充分的自信，足够坚定的话，别人的手段会不攻自破。但是，如果不懂得这点，就会被别人牵着鼻子走了。当然，我们也可以用同样的办法来跟我们的对手较量。

日本南海棒球队教练野村先生年轻的时候是一位很有成就的投手，经常利用技术和心理战术把对手淘汰出局。一次，与他对手的是一位名气极大的全垒打高手，那位高手还是个喜欢吃醋的模范丈夫。眼看形势对南海队不利，野村说："坐在你太太旁边亲密谈话的男人是谁？"然后他接连投三个坏球，每投一次球，野村就加重语气问他同样的问题，对手的心理不由自主地产生动摇，野村在全力投出三个好球，并假装无奈地说："你大概对你太太服务不够吧！"对手终于心理崩溃，被淘汰出局。

野村通过这种方式成功将自己的强劲对手淘汰出局，成功获胜，虽然有点胜之不武，但是对方的心理素质不行显然给了他可乘之机。

其实，现代社会，无论是军事战争还是商业战争，都有一条行之有效的心理战术，就是抓住对手的心理弱点并攻击之，从而达到瓦解对方心理防线，让他人崩溃的目的。而这里通过批评他人引以为荣的事物让对手心理动摇的办法，便是其中之一。

第12章　年轻人巧用战术，让讨厌的对象自动远离

在人际交往当中，有一些人让我们反感、厌恶，然而直言讨厌对方或是直接表现出厌恶之感，不仅得罪了对方，还给其他人留下不好的印象，并非明智之举。运用心理学知识，掌握一些简单的心理学技巧，便能帮助你巧妙地摆脱讨厌之人，何乐而不为？

想摆脱对方，年轻人可以表达得直接点

生活中总有一些人非常聒噪，一旦打开话匣子就关不住，总是说个不停，这样的人很让人讨厌，尤其是当我们正在忙碌的时候，他们还不知趣，继续说，十分让人厌烦。这些人都有一个毛病，对自己过分自信，对自己说的话也很自信。生活中，如果我们碰到这样的情况，他人侃侃而谈，而我们已经不想再听，希望他闭嘴，我们该怎么办呢？最直接的办法就是："好啦好啦，你别再说了，我不想再听了。"

莉莉跟圆圆是好朋友，两人业余时间经常在一起玩，圆圆没有心机，是很好的倾诉对象，莉莉有什么不开心的事情时，总是会找圆圆倾诉，说说心事，讲讲心里话。但是莉莉有一个毛病不太好，喜欢怨天尤人，无论跟别人闹了什么矛盾，总是将责任一股脑儿推到别人的身上，时间长了，圆圆有点反感了。一次，莉莉跟同宿舍的一个女孩又闹矛盾了，跑来找圆圆哭诉，圆圆听完她述说经过，安慰了她几句，说多大点事儿啊？用不着这么生气。莉莉自认为自己有理，都是别人的不对，然后前前后后、上上下下将那个女孩数落了一番，甚至忘了前几天她还跟圆圆说她的好来，这会儿平时生活中的小事，都成了莉莉攻击她的对象。圆圆受不了莉莉没完没了的谩骂，装作看书，不想再听莉莉的话。可是莉莉似乎没有看见，继续指责，圆圆拿起水壶说："你在这儿待会儿，我去打瓶开水回来。"莉莉说："我跟你一起出去。"在路上莉莉还是在说个不停，圆圆终于发飙了，说："行了！我不想再听了，请你别再说了。"莉莉看着圆圆，愣了愣，转身离开了。

对付这种没有眼力见儿，看不出别人形体动作或神态中暗含的深意或者别人话中潜台词的人，最好的办法就是直接告诉对方“我不想听”，这种直截了当的方式也许会让人有些接受不了，可谁叫对方先让自己无法忍受的呢？

遇上不喜欢的人喋喋不休，既浪费自己的时间，心里又很烦躁，但是如果要板起面孔来给对方难堪似乎又有些不妥，大多数人不愿意破坏自身的形象，也害怕得罪别人。这时，你只需冷冷的一句：“我不想听这种话！”便可摆脱对方的纠缠。例如，你在大街上走路的时候，有很多美容美发的推销员会跟着你的背后说：“小姐，给我一分钟好吗？我们最近搞活动，免费为您设计一次发型……”“小姐，我们美容院新开张，有免费体验活动，给您免费做一次护肤。”等等，对付这些人，如果你不采取直接的拒绝方式，他们会对你紧追不舍，而如果你在他们把话说完之前就坚决地说：“对不起，我不想听，我赶时间。”他们一般就会知趣而退。

想要疏远对方，“客气话”是委婉的策略

我们知道对人客气是一种礼节和对人的一种尊重，但是关系亲密的两个人过分客气则是一种刻意的疏远。比如，夫妻感情恶化，开始时会大声争吵、毫不客气地相互谩骂，时间久了又会转化成为相互之间大量使用敬语，态度上相互非常谦恭，这实际上是双方故意拉开彼此距离的一种方式。客气代表着疏远，客气代表着相互间的一种共识：你不犯我，我不犯你，大家井水不犯河水。

生活有很多人都在利用“客气话”刻意与他人保持一种距离。比如，夫妻两人在离婚前，说话口无遮拦，甚至经常挑彼此的刺，离婚之后，反而逢人就会夸奖对方的好处，彼此见面时，也会相互礼貌地打招呼，说一些不痛不痒的“客气话”，其实，这种客气就包含着相互之间的一种疏离感，双方刻意保持着距离。两个恋人在分手之后，也会对彼此客气起来，这种客气代表原来亲密关系的消失，以及现在关系的疏远。有时候，关系非常好的两个人产生矛盾发生争吵或打架后，两个人的关系会变得比以前“更好”，双方在对待彼此的态度上，似乎比以前更加“谦恭”，更加“礼貌”，而这种“谦恭”与“礼貌”实际上是一种刻意为之的疏远。

当你很喜欢一个人，希望能跟对方进一步交往的时候，对方却总是对自己非常客气，这会让人很气馁，有一天你会终于忍不住跟对方说：“你能不能不要永远对我一副客客气气的样子，让我感觉你离我那么遥远？”可见，过度的客气对双方而言都是一种疏远的意思，当你喜欢一个人的时候，你不希望对方对自己客气，因为客气代表着疏远。当你不喜欢一个人的时候，你希望对方离自己远远的，不要靠近自己，这时你可以在交往中刻意地说一些“客气话”或者在神态、动作上故意表现出一种“尊敬”，让对方感觉出自己刻意为之的疏远之意，对方便会知难而退的。

因此，与讨厌的人交谈时，一种行之有效的疏远对方的方法就是多说些“客气话”。

年轻人可主动说些扫兴的话，让对方主动远离

当一个人兴高采烈、高谈阔论的时候，任何人几句扫兴的话会立刻让其

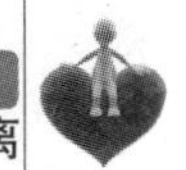

失去说话的兴趣。扫兴，就是扫他人兴致，当一个人说话兴致全无的时候，他当然就会闭口不言，悻悻然离开了。因此，当希望让自己讨厌的人离开或是希望对方停止谈论你讨厌的话题时，可以说几句扫兴的话，让他人知趣。

例如，有天你失恋了，心情非常不好，不希望任何人跟你谈论有关你跟前任恋人的事情，而有些人并不知你的心情，还是在不住地询问你有关对方的事情，也许是出于对你的关心，也许有别的什么目的，但是你一句也不想再提，于是你不耐心地告诉对方："不知道，也不想知道。""让我静一静好吗?""你对他那么感兴趣，自己去问他啊?"等等，对方就能看出你的不满，便会自动闭嘴了。再如，你跟甲在学习上是竞争对手，一次大考之前，甲跑过来问你："你考试准备得怎么样了?"你很不想在这个时候跟自己的竞争对手说实话，于是你可以这样回答："不知道，反正不管怎么样都要接受，现在说什么也没用。"对方就不好再追问了。又如，你买了几件新衣服回来，有个舍友跑来，东看看，西瞅瞅，说这件哪里不好，那件哪里不好，你听着反感极了，面无表情地说："嗯，是啊是啊，你说的都对，你不要指指点点了，反正又不要你穿。"对方便会知趣地离去。

说扫兴话时，可多用"但是"、"反正"、"总之"等没有特定意义的词语。因为这些词能够行之有效地疏远人与人之间的关系，是使人扫兴的非应酬语。比如，下列说话词语容易使人扫兴："但是"，隐含有反对意见的意思；"反正"含有自暴自弃的意思；"那个"、"那什么"、"你看着办吧"等表现出自己的消极态度及漠不关心；简短的一句回答语"也许吧"、"可能是吧"、"以后再说吧"等，含有推辞之意；"……吗"、"……就是啊"的结尾语含有消极的意味。

当你面对自己不喜欢的人时，无论对方说什么话或是做出什么动作，你都可以以这些扫兴的话来回复对方，这样，对方便会觉察出你心中的反感，从而自动闭嘴或者离开。

“心不在焉”的表现可让对方知趣而退

想象一下当人在滔滔不绝地说了一大段话，而最后却发现对方的注意力根本不在自己身上或是根本就没有听见，人们心中会作何感想？心理素质好点，就会觉得对方肯定是有别的事情要忙或者在想别的事情，然后自动闭嘴，不再打扰对方；心理素质差点，就会觉得自己受到了莫大的耻辱，对方瞧不起自己，于是自尊心大发，决定以后再也不要跟对方说话或是交往了。

因此，当你面对他人的喋喋不休感到不耐烦时，或者不喜欢对面的说话对象时，你不妨来一次“精神旅游”或是做一些别的事情，当别人向你提问或是让你发表意见的时候，你就装作没有听见，或者一脸茫然地问：“对不起，你刚刚在说什么？”相信对方一定会十分泄气甚至内心里很生气，这样对方便会觉得自尊心受到打击而愤愤离开。

一个妻子与其丈夫闹了点别扭，回娘家住了几天。几天后丈夫去接她，见面时，对她说很多道歉的话，妻子仍然不理不睬的，丈夫无论说什么话，妻子要么装作没听见，要么装作在做别的事情，没时间听他的话，丈夫终于闭口不说。回家的途中，丈夫边开车边说：“过几天咱一家三口出去玩两天？”妻子看着窗外低声嗯了一声。丈夫又说：“咱爸妈身体还挺硬朗的。”妻子又哼出嗯的一声来。丈夫回头瞅瞅妻子心不在焉的样子，终于叹口气不再言语。末了，丈夫向妻子求饶：“我知道错了，你别再折磨我啦！”

可见，当对方兴致勃勃而你却心不在焉的时候，对方多半都会很泄气，谁都不愿意热脸对着冷屁股，谁都有自尊心，当对方面对你的心不在焉时，多半不会再继续纠缠于你。因而，要想让自己不喜欢的人远离自己，可以采取心不在焉的应对方式，让对方觉察出你对其的忽视，对方便会自动离去。

自言自语是另外一种形式的拒绝

人们经常会碍于面子，有些话当面说不出口，这时候，我们不妨装作自言自语，把心中的想法若无其事地表达出来，对方便会知趣而退了。

在自言自语中，你旁若无人地将自己的想法说出来，故意让别人知道你内心的真实想法，对方便会以为那是你的真实想法，便会知趣而退，而你这种变相的拒绝方式，不仅直接达到了拒绝他人的目的，同时也避免了双方之间的尴尬。

例如，朋友邀请你去郊游，这事本来已经计划好了，但是你临时有事去不了，当面不好跟朋友开口说，于是你自言自语："哎呀，怎么办呀？本来说好的要去郊游，现在公司又派我临时出差，烦死了啊，玩的时间都没，怎么跟他说啊？"这时你的朋友虽然有点生气，但是看着你在苦恼，于是就说："你要是有事就算了吧。"

再如，你的一个朋友最近做生意亏空了，他过来找你，你猜出他是来找你借钱的，但是你也有苦衷，不能借钱给他，于是你自言自语："哎，这个臭婆娘，每个月就给我那么点生活费，想做点什么事都没有钱。"于是你的朋友就会知趣而退,不再找你借钱了。

人与人交往经常会碍于情面,有些话不容易直接说出口,但是我们又必须让对方知晓我们的想法,这时可以采用自言自语的方式,让对方明白我们内心的真实想法。

第四部分

职场顺风顺水的心理策略

第13章　微妙的同事关系：在职场如何赢得同事支持

在单位这一组织结构中，有着各种类型的人。大家的学历、年龄、立场、经验、性格和价值观都各不相同，每个人都有自己独特的个性。由于工作上的需要，彼此之间不得不进行交流，与此同时，也可能出现各种各样的问题，这其中便包括办公室里的人际关系问题。如何能够在共同的空间内，与各种性格的同事之间保持和睦的关系，值得许多人思考。

因人制宜，年轻人要学会应对办公室里的十种人

办公室的人际关系处理也是一门艺术，为了能够在办公室生存得更好，我们不得不研究并掌握这门艺术。面对各色人等，无需把他们想象得过于可怕。“世上无难事，只怕有心人”，只要你用心去做，总会有办法解决的。想要处理好同事之间的关系，先得弄清你周围都存在着哪些类型的人，你又该怎样应付这些人呢？主要分析如下：

1. 对口蜜腹剑的人

如果用心观察的话，你一定会发现周围有这样一类人，他们每天和别人笑脸相对，说话特别甜，像吃了蜜一样，实则他们内心充满阴谋，时刻在算计着如何把比自己强的人踩在脚下。对待这样的同事，最简单的方法就是装作不认识他。如果他找理由和你套近乎的话，你也应该找个借口马上走开。总之，能够远离他们的话，尽量避开。

2. 遇到喜欢胡吹猛侃的人

在你的周围也会存在这样的一类人，他们喜欢吹嘘自己的能力，把自己吹得如何有本事。遇到这类同事时，要学着客气。尽管他的作法可能让人觉得很不舒服，但是告诉自己他这样吹牛对你无害，没有必要得罪他。相反，如果你有意孤立或招惹他的话，会让他把你当成对手而刻意防范。

3. 碰到说话尖酸刻薄的人

办公室总会有那么几个人，他们天生说话刻薄，说话没有口德。他们的特点是和别人争执时总喜欢挖人隐私不留余地，专门打击他人自尊心，让人

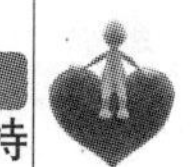

颜面丢尽。遇到这种得理不饶人的人,要尽量和他保持距离,即使被他人说了几句闲言碎语,也要装作没听见,最好不要惹怒他,否则的话,无异于惹祸上身。

4. 遇到那种专门挑剥离间,背后使坏的阴险小人

工作中,总会碰到有些人专门喜欢离间别人关系。这种人喜欢在背后搞一些阴谋,尤其是遇到市场不景气的时候,他们会处心积虑地陷害别人。一旦遇到这种人的话,最好能和他们划清界限,在他们面前做到谨言慎行,保持适当的距离。

5. 遇到那些德才兼备的人

这种类型的人通常胸怀大志,目光长远,不会去计较一些小的得失。工作中,他们不仅会充实自己,而且善于结交朋友。无论他们走到哪一个地方,他们都能在自然而然的情况下掌控当前的局面。这类人通常做事不卑不亢,自有一套风格,容易获得成功。因而与他们相处时,如果能保持双方利害一致,可以携手共创事业,即使存在利害关系,同样可以互相合作、互惠互利。总之,可以尽一切可能与之看齐,从中取得经验。

6. 遇到脾气火暴,情绪变化快的人

当你与这种同事打交道时,要根据他当前的情绪来决定自己的态度。当他们正在情绪激动时,要懂得找机会离开这种场面。等到他冷静下来以后,你再试图回来。如果他们恢复常态的话,你可以适当倾听他们的谈话。若情况允许,你可以把交谈的地点选择公共场所,这样也可以避免他的喜怒无常。

7. 万事通型的人

在办公室里,他们总是表现得对每一样都在行。他们一般学识高,能力强,但是有些会稍显夸夸其谈。遇到这种人时,最好能够静下心来,细心聆

听，也许能够从中学习到很多知识。如果平常遇到什么问题的话，不妨多请求他，相信你一定会得到满意的答案。

8. 整天抱怨人生的人

当你面对一个整天满腹牢骚，觉得自己所处状况总是不能让人满意的人时，如果他的抱怨与自己没有切身利益的话，你可以抱着应付的态度，随便附和几句，或者向他咨询一个新的话题。如果与自己有关联的事情的话，你最好能够立即改善。

9. 愤世嫉俗的人

这种人通常对社会上很多事情都看不惯，总是抱着一种批判的态度去看待。如果他们表示愤怒的事与自己没有多大关系，就没必要去计较，让他发泄完就可以了。这种人其实心无城府，喜欢直接表达自己的意见罢了，他们通常没有什么坏心眼。

10. 喜欢推卸责任的人

如果在工作中与这种喜欢推卸责任的人合作的话，为了避免到时候出现特殊情况，一定要先把工作的具体要求准确、明白地告诉他，必要的时候可以留下证据，以免到时候出现问题，弄得双方都不愉快。

同在一个办公室工作，难免会遇到各种各样的人。如何巧妙应对，也是一门学问。只要掌握了这些方法，相信你也可以轻松地处理好与他们的关系，创造良好的工作环境。

当你晋升后，该如何与旧同事相处

升职是职业生涯的转折，代表着你现在的身份明显高于以前，对于你来

说肯定是一件值得高兴的事情。然而,伴随着你的“晋升”,会造成你与旧同事之间在“职位”、“角色”和“应负职责” 等方面的落差。难免会有人产生心理上的不平衡,面对这些你该怎么做? 此时,如果不能够巧妙地处理好你与旧同事之间的关系的话,很可能会给你今后的工作带来困难,不利于工作的开展。

李艳在一家跨国公司的销售部已做了三年,前一段时间她被正式提升为公司销售部的经理,这原本是一件很让人开心的事,因为对李艳来说,这一直是她的一个梦,自己的梦想终于实现了。可是她现在却觉得苦恼。原因很简单,她感觉到昔日的同事、好友都一个个有意躲着她。虽然表面上有说有笑的,其实很多人都在背后议论她。顿时一些闲言碎语到处流传,面对着一个个口是心非的旧同事,她的心底有些疑惑了,为什么自己升职了,她们之间的关系却变了? 她仍然像以前那样坦诚地对待她们,可是她们却私下说她虚伪。她不知道该如何与旧日的同事或是朋友相处,她该以怎样的姿态承担起新的责任和权力?

其实,像李艳这种情况在一般的企业组织内经常会发生。从组织行为学的角度来看,这是再自然不过的现象,正是因为她的晋升,造成了她所处的“角色”和“人际关系”产生变化。在她与昔日的同事之间存在了“职位”、“角色”和“应负职责”等方面的落差。从前大家是平起平坐的关系,而今她已经被提升,难免有些人会产生妒忌心理,甚至觉得她的能力也并不如自己之类的想法。因而,当你在职场中获得提升后,首先要考虑的不是如何庆贺自己的成功与自豪,而是如何与旧同事相处。

扮演好新的角色,让老同事在新的工作中拥护自己,是每一个被晋升者必须掌握的技术。应该从以下几个方面做起:

1. 保持谦虚待人的态度,切莫急于炫耀自己的成功一旦被晋升,面临的工作性质也发生了改变,你已经从过去的“单纯的共事”提升到“下达指令、分配工作、提供辅导、排忧解难”等。面对着昔日的同事,你们之间的角色关系发生了变换。想要让他们今后听命于你,先得清理掉那些嫉妒心理。对于你的升迁,可能有人并不认同,因而你要保持谦虚待人的态度,让他们无法挑剔,不能因为一时的高兴而摆出一幅“当官”的嘴脸,这样的话,只能让同事们对你更加妒忌,给今后的工作开展带来困难。

2. 提升个人的信心和管理能力

面对着那些挑剔的目光,只是保持谦虚的态度是远远不够的,只有拿出有力的证据,才能让他们信服。而这些有力的证据,便是你上任以后做出的成就。因而,在接下的工作中,无论遇到什么困难都要充满信心,相信自己一定可以做好这份工作。同时,你要尽快了解自己的“角色”和“职责”。通过向他人请教或其他途径,获取一些经验,做出好的成就,让他们信服你的能力。

3. 学会把优越感让给别人,以人格魅力征服同事

一个成功的管理者仅仅有工作能力还不行,还需要以人格魅力来打动对方,让他无可挑剔。如果取得成就的话,要学会把成功分享给大家,只有这样才能让他们从心里佩服你,从而更加拥护你。把优越感让给人,就是要学会向他人示弱。多把成功让给大家,强调是大家的共同努力,或者是在大家的帮助下才能得以完成之类,有意向他们示弱,可以获得同事的同情与帮助。

谨慎点,别四处说你的那点小秘密

王晓月和李玲都是某策划公司的员工,两人也是很要好的朋友,平时几乎无话不谈。快到年底时,公司准备搞一次策划评比活动,所有员工都可以参加。这次活动分两部分进行,第一部分先从所有作品中挑选出前五名,然后从这前五名中再选出优胜者。听说最后的优胜者会得到一笔奖励,为了能够在这次活动中成功,王晓月对这次活动做了深入调研,很快便成功策划出一个非常出色的方案。到了方案上交的那天,她充满信心地把自己的策划案交了上去。不出王晓月所料,第一轮她以绝对优势胜出。只要在第二轮中也能够获得大家的支持,拿到这个奖就是水到渠成的事了。王晓月兴奋地和李玲分析着当前的形势,也许是即将到手的荣誉冲昏了她的头脑,让她完全忽略了李玲也参加了这次比赛,且在第一轮中获得第三名的成绩。

到了第二轮评比的日子,王晓月经过精心的准备后,早早赶到开会的地方等待。由于这几天过于兴奋,她也没有睡好觉,于是便在会议室的角落里睡着了。隐隐约约中,她听到有人在议论她和前男友的事。其中还有人说她作风不正。听到这些,她的意识便清醒了许多,听着这些熟悉的声音,让她有种恨不得钻进地缝的念头。为什么自己以前的事情会被人知道,自己明明没和大伙说过啊?想到这里,她突然想起来,好友李玲曾暗中打探过几次自己的感情生活,当时她毫无设防地告诉她了。面对着大家窃窃私语的声音,晓月才彻底明白,李玲为在这次评比中取得大家的支持,不惜中伤自己。

身处职场,同事之间其实存在着激烈的竞争,好比升职、加薪、外出考察等。想要与同事之间保持良好的人际关系固然重要,但是不能把同事当成是无话不说的好朋友。像晓月这样毫无设防地把自己以前的隐私告诉别人,无疑是给他人留下把柄,如果一旦哪天竞争来临时,对方一定会把你先出卖,拿你的隐私换取别人的支持。办公室里总有一些人喜欢把他人隐私拿出来作为饭后茶余的话题,每天听着关于自己的流言飞语,试问一下,你还能继续在这个公司平静地待下去吗?因此,为了自己的安全,请守住自己的隐私,以免被一些别有用心的人所利用。

现代人,虽然嘴上说“工作是工作,生活是生活”。但是个人生活中的隐私与工作之间仍然存在一种微妙的关系。由于性格、观念等方面的差异,不同人对待隐私的态度也不尽相同。一旦牵扯到利益的话,就会驱使一些人把对手的隐私拿出来公示,借助于舆论的力量取得不公平的胜利,给他人带来身心伤害。因而,身在职场,你要学会对自己的隐私守口如瓶。

若想树立良好的职场形象,一定要注意保护自己的隐私,对于他人的隐私也应如此。因此,在职场上,应注意以下几个方面:

1. 要分清自己信息,划分为共享型、互惠型和私密型

与同事之间原则上要求保持距离,但如果双方发展成朋友关系的话,也要学会保留空间,守住自己的隐私。与好朋友在一起,尽量谈一些共享型和互惠型的信息,这些信息无伤大雅,比如生活经验之类的话题。

2. 实在想找个人倾诉自己内心时,要注意选择合适的人选

每个人都会有倾诉的欲望,当内心的秘密太多时,可能希望寻找一个出口宣泄一下。遇到这种情况时,你一定要看清选择的对象,这个人可以是你最要好的朋友,但是人格上一定要值得信赖。否则的话,一定要管住自己的嘴巴,不能为了一时的心里痛快,而让自己处于一种被动的局面,不利于今后工作的开展。

3. 对他人要保持“见外”心理，学会控制自己的倾诉欲望

身在职场上，无论是工作还是生活都要保持一种“见外”心理，不能把任何人、任何事情都看成“一家人”一样。与同事交往中，要学会分清你我，自己的私人事情尽量还是不让他人知道为好。如果偶尔冲动起来想找个人谈心的时候，要学会对自己叫停，控制自己的倾诉欲望。

办公室里难免有竞争，只有守住自己的隐私，不给同事掌握，你才不会给他人可乘之机，为了能够更好地发展，要学会保守自己的秘密。

交往有尺度，办公室恋情有雷区

随着电影《杜拉拉升职记》的热映，“办公室恋情”这个职场老话题再次成为热门。其实，很早以前就有许多关于办公室爱情话题的影视作品。苏联喜剧电影《办公室的故事》曾为中国观众熟知，它讲述了一位统计局职员与女上司阴错阳差的办公室恋情，本是上下级关系的两个人终成眷属。韩国不仅有《职场恋爱史》等电视剧，一些出版社还推出了《职场恋爱必备指南》、《职场恋爱成功记》、《职场恋爱必胜法》等书。日本电视剧《东京爱情故事》则被誉为“现代爱情剧神话”，讲一对办公室男女坠入爱恋故事，并被认为有“振奋职场人心”的功效，甚至能够“抑制自杀现象的普遍化”。

这些无疑是在告诉人们，办公室的爱情是如此的美好，令人向往。然而，现实生活中办公室恋情是真心诚意的爱情还是可恶之徒玩的暧昧游戏？对于滋生于办公室格子间中的爱情，到底是该以一种怎样的态度去对待？答案很明显，一部热播的《杜拉拉升职记》中，那一段既怯懦又勇敢的情感纠葛，相信也是诸多经历过办公室恋情男女们的内心写照。因此，奉劝那些向往办公室爱情的年轻朋友们，为了自己的前途，千万不要踩到这个雷区，否则的话，等待你的必定是一条充满坎坷的路。

在外人眼里，张雪和王凯是一对恩爱的小夫妻，每天可以一起上下班，有足够的时间在一起，要多幸福有多幸福。然而只有张雪和王凯自己心里清楚，他们这段感情最终能结成正果是何等的不容易。

一年前张雪到公司之时，她遭遇了失恋，情绪一直很低落。王凯从看到她的那一刻就喜欢上了这个楚楚动人的女孩，于是不论是在工作时间还是在闲暇时间，他都给了她尽可能多的照顾。久而久之，张雪逐渐摆脱了失恋的痛苦，不知不觉中习惯了王凯的照顾，就这样，两人走到了一起。然而，他们之间的恋情却是一个不能公开的秘密，公司一道“同一部门同事不能恋爱结婚”的禁令让他们只能偷偷摸摸在地下进行。虽然觉得公司的这个规定很无理，但为了兼顾工作和爱情，他俩决定由竞争能力较强的王凯换部门工作。虽然进行的过程中难免有些磕磕绊绊，但最终王凯还是顺利地在双向选择中换了部门，而在那一刻，他们之间的恋情也终于可以得到同事们的祝福。

如今，张雪和王凯已经领了结婚证。虽然两人已经结了婚，换了部门工作，但除了午饭时间有时在一起共餐外，平时，在工作时间，他们都尽可能减少接触。因为怕走得太近影响不好，有时即使是谈工作，也很容易给人一种在聊家事的感觉，所以，办公室恋情还是有很多顾忌的。

像张雪和王凯这样能够兼顾爱情和事业，最终能修成正果的，还算是不错的结果。有些时候，情况并不像我们想象的那样简单，很多公司有明文规定，同事之间不准谈恋爱，一旦发生这种情况，不成文的规定就是有一方必须离开。在这个前提下，一些人为了自保，只能牺牲对方的前途。由此可

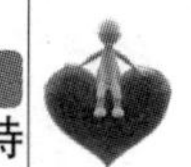

见,办公室爱情带来的不止是浪漫,还有不少的辛苦和麻烦。

现实生活中,的确存在着同在一家公司的“隐婚族”。为了能够保住自己的爱情和事业,成天提心吊胆,每天面对着熟悉的人,却要装作另一番模样,十分辛苦。还有不少人因为没有处理好这种恋情,迫于外界的压力,最后不得不分手。这样的故事在职场中不断上演,不要天真地以为只要拥有爱情就可以战胜一切。在现实面前,不能因为一时的冲动而最终失去了爱情和事业。

一对办公室里朝夕相处的年轻男女,在接触中互生情愫,是自然而然的事情。虽然这种真诚的爱情是美好的,但是它生长的环境并不太理想,更容易带来一些问题。因而,想要拥有完美的爱情和事业的话,最好能够避开这个雷区。否则的话,可能会造成事业和爱情的双重损失。

与同事有了误会,年轻人该如何化解

身处职场,你需要与各种各样的人打交道。由于同事之间存在竞争,可能你的一些做法或取得的成就会引起某些人的敌意。同事对你产生敌意绝对不是一件好事,因为你可能将面临被排挤的危险,不利于今后工作的开展。因而,当这种情况发生时,你要学会巧妙地化解来自同事的敌意。那么到底应该如何做?

被同事敌视和孤立的滋味肯定不好受,遇到这种情况时,首先要查明原因。如果是自身存在的问题,那么你应该积极改正,改变在同事心目中的形象即可。如果是对方的原因,也要学会一些心理战术,成功地化解对方的敌意。具体可以从以下几个方面做起：

1. 与同事相处时，要显示出自己的谦卑

在同事相处中，一些性格上有缺陷的人容易受到他人的敌视。如果你发现某一天自己也成为被敌视的对象时，要改掉自己的不好习惯。与人相处时，要学会尊敬人，无论自己所处的身份、地位如何，都要学会尊重对方，表现出自己的谦虚谨慎。如果你时刻把自己看得很伟大，忽略他人作用的话，只能招来同事的不满，引来敌视的目光。

2. 用宽容的心态对待他人的敌视，为自己争取支持的力量

如果你因为出色的工作受到老板的夸奖，而被自己同事敌视的话，要学会理智地对待问题。对于那些充满敌意的目光没必要去斤斤计较，用一颗宽容的心去包容他们，设法让他们感觉到你的宽容大度，当然把工作做得更出色是前提。

孟华和宋凡都是刚刚毕业的大学生，在一次招聘会上，他们被同时招进了一家生产家具的公司，开始担任电子数控方面的技术人员。因为在毕业时间、学历、技术和技能方面，两个人都差不多，无形中就成了一对竞争对手。宋凡做事认真细致，深得领导喜欢，为此孟华对他处处表现出敌意，甚至在背后说他的坏话。面对来自孟华的敌意，宋凡并没有去和他计较。对这一切都假装不知道，见了面仍然热情客气地打招呼，孟华甚至在背后说他虚伪，怂恿大家孤立宋凡。

有一天，临近下班的时候，因为偶然的失误，孟华把一组急需的数据弄丢了。这下他可急坏了，因为主管已经交代过，第二天一早开会的时候要用这组数据。这个数据是他花了几天时间才整理出来的，现在就算他一个人加班干一夜，明天也不一定能整理出来。他想求助于宋凡，却又怕他不答应，甚至还会落井下石。没想到，看到他着急，宋凡主动留下来帮忙，并安慰

他说:“别着急,咱们一起再整理吧,明天早上一定不会耽误事情的。”

那天晚上,他们俩一直忙活到凌晨4点多,终于把数据整理出来。看着宋凡熬得满是血丝的眼睛,孟华惭愧地说:“对不起,以前都是我不好,不该……”宋凡没让他说下去,而是拍拍他的肩膀说:“都过去了,就别再提了。”因为这件事情,孟华对宋凡最初的敌视态度很快就转变成一种工作中的热情友谊,他还对其他同事说:“宋凡宽容大度,是个值得信任的人。”

上面事例中,宋凡正是用自己的宽容大度为自己赢得同事的称赞。生活中,当我们面对来自同事的敌意时,应该学会宽容对待。用一颗真诚的心去面对同事,不能抱着以牙还牙的态度。别人虽然对我们充满敌意,我们应该用自己的热情去感化、打动他。

3. 主动示弱,建立起信任

在我们的同事中,经常会有一些人对别人取得的成就表现出自己的嫉妒心。如果你也因为这些而被同事敌视的话,要学会向他人示弱。如果这个时候,我们能够表明自己的坦诚、直率,告诉他一些自己以前所做的蠢事,在一定程度上可以化解对方心理中的那种落差,让他觉得你其实也是一个很普通的人。把你的小秘密作为两人之间的秘密,有助于唤起他人内心的自豪感,拉近两人之间的距离,取得他人心理上的认可。

与周围同事打交道,能够掌握一些“心理战”,可以处理好与同事之间的关系,化解来自同事的敌意,有利于工作的顺利进行。

第14章　迎合他人想法：与上司打交道要识趣

如何能够让自己不费吹灰之力，受到上司的器重，让自己成为上司身边的“红人”？其实，想要实现这个愿望并不难，只需要掌握一些心理策略，就可以轻松办到。那些轻而易举便可以获得上司重用的人到底有什么秘诀呢？看了下面的内容，相信你一定会有所收获。

认真观察，随时掌握上司的意图

身处职场，面对高高在上的上司，如何能够得到他的认同？这就需要你在与上司共事的时候，能够准确地领会上司的意图。上司的意图通常由三种方式表现出来，第一是明说；第二是暗示；第三没有任何表示，全凭你自己去理解和揣摩。当然对于上司明说出来的意图很好办，你只要照着做就可以了。但是实际上，上司的意思往往都是以后两种形式表现出来。对于上司的暗示或没有表示的意图，我们应该如何做呢？这个时候，你就要格外小心了，有时如果没有弄清上司的意图就贸然行事，会带来很严重的后果。

张梅是名牌大学中文系的毕业生，在校期间她曾在很多知名的杂志上发表过不少文章。毕业之后，她踌躇满志地来到一家出版社上班。原本想要在这里大展身手，可是面对总编的安排，她内心觉得很郁闷。因为，总编让她先从校对做起。她总觉得凭自己的能力，当一名编辑绝对没有问题，但是自己却居然做起小小的校对，梦想与现实之间的距离太遥远。在她看来，自己来做校对工作完全是大材小用，因而对于这份校对工作有些漫不经心，工作期间疏漏之处不少，上司对她的表现很不满。终于，有一天，上司把她叫进办公室谈话。听到上司的话，她顿时明白过来。原来，上司安排她做校对，只是想让她先熟悉一下出版社的业务，然后还会把她调进编辑组的。可是她现在居然连校对工作都不能胜任的话，那就更别提编辑了，因此，上司请她另谋高就。听到这些以后，她非常后悔，但是事实已经如此，只能在以后的工作中吸取教训了。

上面案例中的张梅,因为没有弄明白上司的真正意图,最终失去了良好的机会。许多大学生刚毕业,内心充满梦想,面对上司的安排,总觉得自己应该有一份更好的工作。因此,不但责怪上司没眼光,而且不能正确认识自己的能力。因为没有弄清上司的意图,最终与好工作擦肩而过。由此可见,在职场上领会上司的意图很重要,可以指导我们更有效地完成工作,从而得到上司的认同。

工作中,如何领会上司的暗示或没有什么表示的意图呢?有以下几种方法可以借鉴:

1. 学会察言观色

一个人无论表演天分多高,他的眼神表情和肢体语言也会在不经意间把他的内心变化给暴露出来。因此,想要弄清上司意图的话,要多花心思,通过认真细致的观察,找到他的动作规律。只有花了心思,才能够把上司具有明显特征的表情和动作记在心中,然后,在以后的工作中,根据你所掌握的东西来判断你的上司当前的意图。

2. 学会听话听音

一个人说话时所运用的词语、声音的大小、语调强弱、节奏的快慢等,甚至还包括隐藏在其中的一些微妙的感觉,都是在向外界传递一种信息。如何从他人的说话过程中抓住要点,找到真正的潜台词,是领会一个人说话意图所必须掌握的一门技术。很多时候,上司所说出来的话并非完全是他的真实想法。这就要求你与上司沟通的时候,要注意上司说话的习惯,找到上司说话的要点,领会上司的话里隐藏的意思。这样才能弄清上司的意图。

3. 与上司经常沟通,及时了解上司各方面的信息

在工作中,对于上司间接交代的非确定性的意图,都必须综合自己以往对上司的一贯行事作风了解的基础上,才能做出判断。因此,如果你现在还

不能把握上司的行为作风的话，那么从现在开始，多与上司沟通，通过沟通可以从中掌握一些有用的信息，为以后的工作开展打下基础。同时，通过与上司的沟通，还可以在双方之间建立良好的关系，也有利于今后工作的开展。

只有在领会上司意图的基础上，才能为上司分忧解难，为上司出谋划策，成为上司离不开的左右手。一旦上司对你信任有加、言听计从的时候，那么你离职位上的提升也就不远了。

心理置换，年轻人要学会站在上司的高度想问题

很多时候，我们在职场发展中都会感到处于一种瓶颈状态，总认为上司对他人很好，时常忽略了自己的存在，或是上司做出的决定总与我们的理想差距很大。之所以这样，主要是因为我们总是把眼光放在自己身上，忽略了站在上司的立场上去思考和看待问题。事实证明了，那些能够在职场上获得巨大成就的人，无一不是站在上司的立场上想问题，以这样的心态来对待自己的工作的。

毕业于上海交通大学的谭丁，是沃尔玛驻中国的总商品经理。他进入公司时，沃尔玛才刚开始筹备，他也只是一名采购员。对于这个名牌大学毕业的大学生来说，采购的工作离他的理想相差太远。又加上没有几条工作经验，因此，工作开展起来极其困难。但是，他并没有放弃这个工作，无论什么时候，他都坚持一个原则，那就是随时都想着为公司争取最大的利益。正是这种心态让他在工作中逐渐积累了经验，同时也掌握了一些谈判的要点

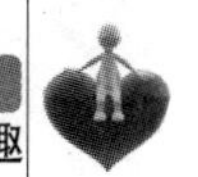

和技巧。最终，他从一个普通的采购员荣升采购助理，再到采购经理，直到最终他成为总商品经理。现在，他的名字已俨然列入沃尔玛培训接班人的计划名单中。

谭丁从当初的一名普普通通的采购员，很快成为沃尔玛培训接班人，正是因为他时刻站在上司的立场上为公司争取利益，才能取得上司的信任。像他这样，把上司的事业当成自己事业的员工，一定能够得到上司的提拔和重用。身处职场，如果你时刻能够和上司站在同一立场上思考问题，那么，你一定会为自己赢得上司的青睐。

想要和上司站在同一立场上思考解决问题的方法，那么就应该改变自己的思想，端正自己的态度。具体做法如下：

1. 改变为别人打工的心态，确立“我是在为自己打工”的观念

很多时候，我们都会觉得自己只是在给别人打工而已，做得好不好都与自己没有关系，其实并不是这样的。公司或企业能够良好的运转下去，离不开大家共同的努力，如果大家都各顾各的小利益，整个公司像一盘散沙一样，那么，最终这个公司不可能会变得强大起来，甚至会走向灭亡。那么，最终你在公司也不可能实现自己的人生理想和抱负。相反，如果大家都能够以主人翁的心态去对待问题，把公司当成是实现人生理想的平台，那么，此时，你肯定会与上司站在同一立场，你会变得和上司一样热爱自己的工作，在大家的共同努力下，公司一定会越来越壮大，可以为大家提供更多的晋升机会，最终你的努力也不会白费。

2. 谨遵上司的命令，坚决贯彻执行老板、上司的想法

如果你想要改变自己的想法，与上司站在同一立场上，那么就应该学会认真执行上司的命令。现实生活中，有很多人总觉得上司的能力不如自己，不屑于认同上司的观点。实际上，上司之所以成为上司，他在某些方面肯定

会有优秀的地方，再加上他所处的位置不同，因而看待问题与我们肯定会有不同之处。但是想要与上司保持步调一致的话，就要学会跟上上司的节奏，对于上司交代的事情，要保质保量地完成。

3. 在工作中，要多向上司请教、学习，加快进步的脚步

在开展工作的时候，如果遇到一些问题的话，你可以及时主动地向上司请教，让他告诉你，他希望你把工作做成什么样，然后自己总结，提升自己独立解决问题的能力，提升自己的思想高度，经常与上司交流探讨，有助于上司心理意识的形成，这样有利于在思考问题时，站在上司的角度上来考虑。

4. 对待公司的不良现象，要以上司的心态去对待

在我们身边经常会遇到一些不良的现象，面对这些现象，你该怎么做？如果你只是以一种打工者的眼光去看待，那么，这事肯定与你没有太大的关系。比如，某人浪费的水、电都是公司掏钱，反正自己不用掏钱。如果你就是这家企业的上司呢，难道和你没有关系吗？这就要求我们在平常生活中，遇到一些不良的现象时，要学会积极面对这些不良现象，为公司争取最大的利益。

总之，在实际工作中，只有把自己当成是上司，然后以上司的心态去面对问题，那么，你才能成为上司信赖的人，同样，你也可以成为一个上司乐于接受的人，获得上司的信任。

懂得表现自己，上司都喜欢看到忠诚和有能力的下属

美国通用公司教导员工，做好工作和干好事业的基本前提是学会做人。

在他们看来,一个人的工作水平与做人水平是相辅相成的。因此,只有那些忠诚于上司、忠诚于企业的员工,才能真正得到上司的信任。

当今社会,人才济济,企业在用人时,既要考察个体的能力,还会看重个体的品质,而体现一个人品质最基本的就是忠诚度。当然,证明一个人对企业的忠诚度,不能单单看工作时间的长短,同样也要看在有限的时间里,他对公司作出的贡献大小。事实证明了,那些能力很强并且能够与公司同舟共济的员工,才是上司心仪的员工。如果你也想在职场上赢得上司的信任,那么,你一定要让上司看到你的忠诚和价值。

李雪决定换一份工作,原因是她所在公司改变了发展的方向,与她自身的职业优势不符合。其实,以她的实力,要找一份工作是很简单的事情,甚至还有许多企业主动找上他,开出令人心动的条件。但她始终秉承着忠诚正直的信念,不轻易为高薪厚禄所诱惑。

一次,李雪接到一家大型企业面试的通知书,面试官是主管公司技术工作的副总裁。面试进行得很顺利,双方交谈甚欢。但令人没想到的是面试快结束时,副总裁突然说:“我们很欢迎你到我们公司来工作,对于你的能力和资历我们都非常满意。听说你以前所在的公司正在开发一个新的适用于大型企业的应用软件,据说你也参与了开发,能否透露一些情况,你知道这对我们很重要,而且这也是我们为什么如此在意你的原因。”听了副总裁的话,李雪很生气:“对不起,对于这个恐怕要令你失望了。虽然我已经离开了原来的公司,但仍然有义务保守这个秘密。与获得一份工作相比,信守忠诚对我来说更加重要。”说完以后,她便礼貌地告辞了。然而,令人意外的是,几天后,李雪却收到了这家公司的来信。信上写道:“恭喜你,你被录用了,不仅仅因为你的专业能力,还有你的忠诚。”

进入新公司后,李雪很快赢得了上司的信任并被委以重任。由于她恪尽职守，奋力打拼，时时处处维护公司的利益和形象，很快成为领导的左右手。一次，在与上司闲谈时，上司才告诉她，当初面试时的情形。原来到这家公司来的另外许多应聘者也经历了类似的问话，许多人拒绝不了优厚的工作条件，将原来公司的一些机密泄露了出来。正是因为她当初毫不犹豫地拒绝了，让上司对她刮目相看，最终获得这份工作。

忠诚是员工在企业的生存之本，没有哪家公司的上司会任用一个对自己公司不忠诚的人，因为，他们深知一个对自己公司不忠诚的人，带来给公司和企业的会是欺骗和出卖。同时，忠诚是双向的，只要员工自上而下做到忠诚，那么，这个企业或公司则一定会变得强大起来，反之，则会导致企业的灭亡。同样，如果员工忠诚地对待企业或公司，那么上司也会真诚地对待你，你为公司付出一分，那么，公司或企业便会给你机会，让你实现自己的人生理想。

相反，对于那些“身在曹营心在汉”的员工，他们不可能会为公司或企业的发展付出自己的努力。在他们内心深处，当前的工作只是通往成功的跳板而已，如果一旦有机会的话，他们便会不惜一切手段向高处爬去。在很多情况下，他们没有把工作当成是成功的机会，更多的是想利用投机取巧的心理获得成功。这样的人注定不会获得什么成功，因为一个真正聪明的上司不会把这种不忠诚于自己的人放在考虑之列。

总之，对于自己的工作，不管是否能让你感到满意，试着努力去做好它。不管什么样的工作，只要你已经从事了，那么就首先要忠诚于它，只有你忠诚于工作，工作才会忠诚于你。然后，要在不断的努力中，积累知识和经验，只要这样的话，才能在机会面临时脱颖而出，让上司看到你的真正价值，从而获得上司的认可，实现自己的人生高度。

年轻人要做上司的左右手，为上司排忧解难

什么样的人会受到上司的青睐和重用？当然是上司离不开的人。那么，上司离不开什么样的人呢？答案很简单，肯定是那些能够帮助上司排忧解难的人。因此，如果你也想成为上司眼中的"红人"，那么，不妨从现在做起，做一个能够帮上司排解压力的人。

想要成为一个帮上司排解压力的人，应该注意哪些方面？

1. 认真观察上司的情绪变化，细心揣摩上司的心思，化解上司内心的烦恼

作为社会中的一员，每个人都会被周围的生活所累，不论你是一名普通的职员，还是公司的老总，都离不开繁琐的生活，那就避免不了来自各个方面的压力。作为上司，同样也不可能免除这些烦恼。相对于普通职员来说，上司还可能背负着维护整个企业或部门运营的重大责任。因此，作为上司的下属，你要时刻关注上司的心理变化。当上司感到心情烦闷的时候，要主动替上司分担责任，也可以在旁边说一些鼓励的话。有时候，如果上司正在为一些隐私事情所烦恼的话，你应该给他充足的个人空间，让他自己去消化。只要细心观察，一定可以揣摩出上司的心思，然后，对症下药，让上司能够及时发泄内心的压力。这样有利于和上司之间建立良好的关系，获得上司的信任。

2. 如果发现上司内心存在压力，要学会察言观色，避免提一些让他心烦的事情

一次，上司刚外出谈判归来，张卫便拿着月底的账单去让上司签字。还

没等他说话，上司接过他手中递来的文件一看，顿时僵硬的脸变得更加难看了。张卫看着上司的脸色，还没明白过来呢，只见，上司把手中的东西往他面前一丢，并冷冰冰地说道："明天再说。"听到这里，张卫一头雾水地向外走去。回到座位上，便向大家说起这事，最后，还是有"机灵鬼"之称的李明一语道破。"哎呀，也只有你敢这个时候去打扰他，你没看他刚才从外面回来的时候，脸色很难看吗？肯定是刚才出去谈判的时候，结果不理想。你怎么专挑这个时候去，不是找骂吗？"听了李强的话，张卫才明白过来，原来自己今天撞"枪口"上了。于是，他在心里对自己说，以后一定要看清上司的脸色再行事。

在这个事例中，张卫就是因为一开始没有弄懂上司的心情，才遭到上司的冷言冷语。如果他事先就了解清楚上司当前正在为谈判的事烦心的话，可能就不会拿这些事情去烦他，也就不可能会引来上司的厌烦之情。因此，在工作中，当你有事情需要打扰上司的时候，一定得先看清上司的眼色再行事，否则的话，可能既办不成事情，还会引起上司的不满情绪。

3. 发现上司有压力时，要采取积极的措施，化解上司的内心压力

如果你发现自己的上司最近一段时间内心压力太大的话，可以适当提出一些外出的建议。你可以为他介绍一些旅游散心的好去处，也可以约他出来，和同事们一起聚聚，或者是一起去做一些运动。这样的话，一方面可以增进上司与员工之间的联系；另一方面可以适当减轻上司内心的压力，让他心情变得好起来，更好地排解内心的压力。

除了以上这些方面之外，在工作的时候，你还应该注意自己的工作心情与态度。研究发现，人类的情绪可以相互传染，相互影响。如果你想让上司每天都拥有一个好心情的话，那么你应该试着让自己每天都以一种开朗的心情积极乐观地面对自己的工作。只要你能够做到这点的话，即便上司的

心情不好,看到你的微笑,也会受你的影响,心情变得舒坦起来。

总之,在工作中,想要成为上司离不开的人,要学会帮助上司排解内心压力。同时还应该注意,应尽量避免做一些为上司增加压力的事情。如果你能够时刻以积极乐观的心态去感染上司,相信上司一定会更加信任你。那么,从现在开始做一个对上司善解人意的助手,相信你也很快可以成为上司身边的“红人”。

上司都爱面子,年轻人要帮上司备好台阶

刘雷和李凯原本是很要好的朋友,两人毕业于同一所大学,毕业后又同时被一家企业所录取。处在同一起跑线上的两人原本实力相当,但后来因为某些原因,刘雷就被提拔为主管,李凯屈居其下。对于这样的差距,李凯心里很不痛快,但苦于没有机会发泄自己心中的不满。一次,开会的时候,李凯和几名员工不小心迟到了。刘雷便要求他们开会迟到的人员在会后要写出自己的书面检查,并且在下周的例会上宣读。李凯心里很不痛快,他觉得这样做的话,会让他很没面子,所以坚决不写。等到第二次开会时,他还故意迟到,以示自己的不满之情。当刘雷向他提出要检查时,他公然表示自己抗拒的态度。当时刘雷并没有说什么,但是没过几天,李凯便被公司给辞退了。

在这个事例中,李凯表面上获得了胜利,他觉得刘雷拿他没有办法。但实际上,他这种公然挑衅的态度,为自己以后的职场生涯带来麻烦。面对自己的上司,如果你只是一味逞强,让上司没有面子的话,那么,上司最终只能

通过自己手中的权力来维护自己的尊严，到头来吃亏的还是你。

人在职场，想要与自己的上司保持良好的关系，你就必须懂得在适当的场合给上司留足面子。在某种程度上讲，有的上司视面子如生命很正常。只有你先给上司留足面子，上司才可能考虑给你留面子。反之，如果你让自己的上司没有台阶可下的话，其后果要远比你想象得严重很多。

人生在世，谁都希望能够得到他人的尊重，作为领导更是如此。在他们的心里要比普通员工更需要得到他人的重视，在某些时候，上司的面子其实就是一种权威，如果你想驳他的面子，那无疑是在动摇他的"权威"，既然你都不想让上司好过，那么，他更加不会让你好过。因而，如果你想在职场上得到上司的重视和尊重，那么得先学会满足上司的面子，让自己的上司无论在任何时候都有台阶可下。

那么，身在职场，要做到给上司留足面子、备好台阶，应该从哪些方面做起？

1. 在心理上，接受上司所提出的意见和建议

在现实生活中，也许我们会碰到这样的情况，自己的上司能力可能根本没有我们的能力强。面对领导所提出的意见和建议，我们可能会觉得这种办法根本行不通。那么这个时候，我们到底是应该据理力争，还是一切按上司的意思行事？这个时候，我们先得调整好自己的心态，尽管上司的能力看起来一般，也应该尊重他，毕竟他能成为我们的上司，肯定在某些方面具备过人的地方。如果他的意见或建议里的确有漏洞百出的地方，你也应该先在公众场合应承下来。如果有什么不妥之处，可以在私下里进行商议。

2. 在公开场合要维护上司的形象，不管别人态度如何，自己先要表明立场

通常情况下，做领导的都非常注重自己在公开场合中的权威，如果一旦

领导的形象在公开场合受到动摇，那么这个上司肯定会认为此人对自己充满敌意，结果必然会导致上司要么利用自己手中的权力维护自己的形象，要么通过一些途径来寻求平衡。因而，公开场合，要做到旗帜鲜明地拥护自己的上司，让他感受到你的支持和拥护。只有这样，才能让上司从你的行动中体会到你的真情，对你信任有加。同样，对于那些与上司为难的人，你也要积极去改变他们内心的想法。只有把上司的面子维护好，你才能做到有面子。

3. 维护上司的面子，还应该注意不能在背后说上司的坏话

也许上司和你的关系原本很近，对于他的一切你都了如指掌，尤其是一些个人的隐私。同时，最近他可能做的某些事情没有如你所愿，从而引起你内心深处的不满，即使这样，你也没必要在背后诋毁他来发泄自己内心的不满。你要知道，在背后议论上司只会被一些小人利用，逞一时的口舌之快，只会给他人提供向上司打小报告的材料，最终也只会招致上司的不满。

每个人都需要面子，作为上司，他更需要维护自己的权威，如果你让他威严扫地的话，势必会招来上司的不满之情，最终受连累的还是你自己。因而，奉劝那些想在上司手下过得自在、活得体面的员工，你首先要做的就是给上司留足面子，随时准备好可以下来的台阶，维护好上司的“面子心理”，只有上司心里舒服了，你才能实现自己的心愿。

第15章　做事机动灵活：掌握客户心理生意更好做

在许多经营性质的公司或部门，销售业绩是衡量一个业务员能力的标准。能够在销售的过程中，向客户成功地推销出自己的产品，并不是一件容易的事情。事实证明，如果能够在销售过程中掌握一些技巧，你也可以轻松取得好的销售业绩。

不同的客户，有不同的心理应对策略

不同的人有不同的接受方式，要想使自己被别人接受，达到推销的目的，就要求我们在和客户打交道时，必须先了解对方乐于以什么样的方式接受，针对不同性格的客户，要给予不同方式的对待。

针对不同性格的客户，所采取的方式具体分析如下：

1. 优柔寡断的客户

与这种客户打交道的时候，要充分考虑这种人往往遇事没有主见，倾向于消极被动，难以做出决定。因而与这种客户打交道时一定要掌握主动权。要充满自信地向他们提出积极的建议，且在谈话的过程中，要尽可能多地使用一些肯定性的语气。同时，重在强调你这样做是从他们的立场来考虑的，以其促成他们快速做出决定。

2. 忠厚老实的客户

这种性格的人，通常你说什么，他都点头说好，甚至会加以附和。其实在你还没有开口之前，他们会在心中设置拒绝的界限。因此，与这种类型的客户打交道时，你的主要任务就是获得他们支持，多让他点头说“好”，多用一些优点去强调产品，但可以在不知不觉中完成交易。

3. 沉默寡言的客户

与这种性格的客户交谈时，要意识到这种人出言谨慎，有时一问三不知，反应冷漠，外表严肃。因此，与他们沟通时，可以减少一些发问，采取直截了当的方式介绍产品，往往更容易完成交易。但是在交谈的过程中，可以

适当用一些话题拉近双方的距离，让他认为你所做的一切其实都是为了他。

4. 令人讨厌的客户

与这种性格的人交谈时，要意识到他们的态度和说话，有时的确令人难以忍受，似乎挖苦他人、贬低他人、否定他人是他们生活的乐趣一般。虽然他们的性格的确让人难以接受，但是你应该明白，他们也会有购物的愿望。他们之所以会这样，是因为他们多数无法在他人面前证明自己，所以，你能做的就是给予他们足够的尊重和肯定。同时，与他们交谈时，要注意自己的态度，既不能过于高傲，也不能过于卑下。

5. 先入为主的客户

对待这种类型的客户，要意识到：他们说的“我只看看，不想买”未必是真心话。这种人通常做事比较干脆，在双方交谈之前，他其实已经想好了你所要提出的问题。与这种人交谈时，只要你能够以热忱的态度来打动他，一定可以轻松地化解他们内心的抗拒。这个时候，只要你能够提供一种相对实惠的价格，他们会马上做出购买决定。

6. 知识渊博的客户

与这种类型的客户交谈，是最容易让你受益的客户。因此，面对这种顾客，你需要做的就是抓住机会多注意聆听对方的谈话，这样可以吸收各种有用的知识及资料。当然，只是聆听是不够的，还需要你在聆听的同时，给以自然真诚的赞许。这样会使他们感到被人赏识。如果这个时候你能够抓住产品要点说服的话，相信不费太多心思，便可以和他达成交易。

7. 顽固的客户

如果遇到那些顽固不化的客户，仅凭你的诚恳语气是不会打动他们内心的。想要成功说服他们，则必须要装出一种漫不经心的样子，同时用一种漠不关心的口气与他们进行交谈。可以先谈一些无关的事情来引起他的好奇，然后再谈出购买自己产品的条件，这个时候，他们很可能会为了表示自己符合条件而执意购买你的产品。

8.侃侃而谈的客户

这种类型的人往往热情，能够很快与周围的人建议良好的关系。虽然他们会是极好的合作者，但是有时过分注重关系。因此，在推销的过程中要注重维护他们的感情，和他们发展信任和友谊。不但研究技术和业务上的需要，还要研究他们在思想和感情上的需要，坚持定期保持联系。

总之，在推销的过程中，需要针对不同性格的客户采用不同的应对方法。这样做既可以促成交易的完成，同时也可以体现出你对他人的尊重与理解。以不同方式对待不同性格的客户，是取得交易完成的重要前提。

客户无礼，年轻人应该宽容对待

王刚是一名从事销售工作多年的推销员，在大家看来，他俨然已经练就了一副好脾气。但就这样一副好脾气，也有差一点失控的时候。这天中午，他怒气冲冲地从外面回来，满脸的怒火，刚一坐下就端起桌上的凉茶大口喝了起来，这还是不能迅速的平息他内心的怒火。同事李菲看到他铁青的脸色，赶紧过去关心他，问他是不是遇到什么不高兴的事情了。在李菲的询问下，他才把事情的原委讲了一下。原来，前几天他和他的客户还在一起吃饭，当时对方答应他说这个星期把单子签了，可到了今天，对方居然像是给他下最后通牒，要求他 5 分钟之内赶紧离开公司。他心里觉得很郁闷。面对这些无礼的客户，当时，他差点想把对方的门给砸了，最后，他还是理智战

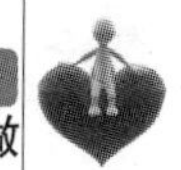

胜了感情,但心里还是咽不下这口气。

像王刚这样的遭遇,可能有许多推销员都遇到过。当你想把一件商品推销给客户时,可能会遭遇对方无礼的对待。遇到这种情况时,你应该怎么做?是以无礼回报对方的无礼,还是默默地忍受这些,以微笑来回报对方?

推销员每天都会遭受客户的拒绝,有的客户可能还需要时间考虑,有的还要等机会。但是无论是谁,被别人这么拒绝都会觉得难以接受。尽管如此,面对客户的无礼,如果想要成功的话,你只能尽量压抑自己的愤怒,保持良好的形象。试想一下,如果你逞一时之快,发泄自己内心的怒火,结果只会让自己永远失去这个客户。因此,作为一名推销员,在面对客户的无礼时,要学会以微笑来回报对方。

想要在与客户的交往中,练就一副好脾气,应从以下几个方面做起:

1. 保持良好的心态,时刻牢记自己的目标

推销员在向客户推销自己的产品时,遇到拒绝及无礼的对待是不可避免的。如果你一直斤斤计较的话,那你只能另谋他路了。作为一名推销员,即使面对的客户是你最讨厌的人,你也要学会用职业标准与他们打交道。如果总是刻意地记住那些无礼的遭遇,只会让你内心更痛苦。你应该时刻告诉自己,你的目的就是签合同,只要他能跟你签合同,其他的不必计较。在面对无礼的待遇时,即使你做出回击,也还是会失去这个合同的话,那么不如放宽自己的心胸,包容他们的错误,不和他们一般见识。

2. 学会隐藏自己的情绪

如果你已经从事了推销这个行业,并且打算在这个行业长期发展下去的话,你就应该学会隐藏自己的情绪,学会以微笑示人。可能某些与你打交道的客户有许多让人难以接受的地方,但是不能把自己的厌恶之情挂在脸上。作为一名推销员,要学会把自己的真实感情隐藏起来,无论遇到怎样无

礼的对待，都能以礼貌的态度来结束这次洽谈，可以给对方留下一个很好的印象，有时还会给客户内心造成内疚感，有利于以后交往合作。

3. 多看对方的优点，宽容对待对方的缺点

金无足赤，人无完人。推销员在与客户打交道时，要学会从对方的言行中发现对方的优点。如果能够经常欣赏对方，从对方的角度来看，你自身的形象也会变得高大起来，这样的话，有利于双方之间的感情交流，有利于今后的合作。

4. 学会严格要求自己，超越“自我”

推销员在与客户交往中，要严于律己，宽以待人。多从自己身上找缺点，然后进行改正。遇到一些无礼的客户时，要学会压制“自我”。只有战胜“自我”，才能以一颗平常心去对待你的客户，也才能更好地发现客户的优点，从而提升自己的思想水平。

与客户交往时，面对那些无礼的客户，作为一名推销员，应该更多地去化解对方的拒绝，而不是加深对方的反感。如果你的内心能够多一些宽容与理解的话，相信一定可以用自己的人格魅力赢得客户的尊重，同时也为自己争取到更大的财富。

善加诱导，让客户主动说出自己的本意

俗话说：“知己知彼，百战不殆。”推销员在与客户的交手中，察觉客户的本意是赢得“较量”的先决条件。然而，许多客户都会把自己的真正意图隐藏起来，作为一名销售人员，想要获得胜利的话，那么就要先学会诱导客户

暴露出自己的本意来，只有这样，你才能准确地把握客户的心理，采取正确、有力的措施。

在与客户的交谈中，关于客户的本意我们应该掌握两个方面：第一，客户当前对于这次谈话持什么态度；第二，客户当前是真诚协商，还是仅仅在撒谎。想要从客户身上了解这些，需要从多方面进行观察判断，才能得出正确结论。

想要洞悉客户的真正意图，可以从以下几个方面做起：

1. 留意交谈的环境和时间，判断客户当前的诚意

如果你与客户有一宗重要的交易要谈，那么首先得选择一个有利于交谈的环境，这个场所可以是单人办公室，也可以是会议室，但是都仅限于没有其他闲杂人等在场的场所。试想一下，如果客户把这次洽谈放在餐桌上边喝酒边聊的话，显然没有什么可信度，因为他会把自己的言行归结于喝醉了酒。与客户的交谈，不单能从洽谈的环境来判断客户的诚意，还可以从选取的谈判时间来判断。对于重要的会议，往往通常都会放在上午或下午工作时间。除此之外，如果一个人不畏天气恶劣来找你洽谈工作的话，也可以体现出他的真意。对于从环境和时间来判断客户的诚意这点，还需要结合一些具体情况来考虑。

2. 从交谈内容了解客户的真实心理

洽谈生意并不是普通的聊天，你一言我一语地胡吹乱侃就可以了。有时候，为了争取到各自最大的利益，双方都会集中精神，从对方的只言片语中得到有效的信息，然后一举驳倒对方。现在社会生活节奏加快，一般双方见面就直接奔入主题，然后就双方的分歧找到一个折中的办法，快速地达成协议。如果你与客户聊天时，他总是拐弯抹角，试图把话题引向其他方面的话，表明对方只是想转移你的注意力，并没有合作的意向。

3. 从客户洽谈时的动作来了解他的内心

如果双方进入洽谈阶段,客户总是聚精会神地听着你的发言,甚至偶尔还会对你的某些话语提出自己的看法,表明他在认真考虑对策。相反,如果坐在你面前的客户听到你的发言后,总是按捺不住自己的心思,想起来活动一下,或者经常改变一些姿势的话,这表明他根本没有认真听你的讲话,只是敷衍你而已。如果你在与客户洽谈时,对方总有一些小动作,表面上在聆听,实则他把心思放在自己手上的话,这个时候你也没有接着讲下去的必要,可能的话,不妨停下当前的发言,向对方提出他的见解,以证明他是否把心思花在当前交谈上。

4. 从客户的态度来推测他的真实意图

这里所说的态度,需要在交谈中进行体会。有时候一些态度也会附带一些细小的动作。比如,在双方洽谈中,客户认真细心聆听,表现出毕恭毕敬的态度,甚至会做出一些记录,那么,这种客户十有八九对你的产品很感兴趣,他才会花费大量的精力来研究对比。反之,如果你的客户总是怀着无所谓的态度,即使你在讲解自己的产品时,他也没有给予过多的关注,表明他当前并没有把你的产品列入考虑之列。

对于推销员来说,虽然从一些细节中看出客户的态度和诚意有点复杂,但是为了获得成功,还是不应嫌麻烦。在与客户的洽谈中,诱导客户暴露自己的本意,是每一名推销员在谈生意之前应做的必要功课。只要这样才能了解对方的真实意图,不会因为准备不足而吃亏。

年轻人要善于通过客户的视线变化洞悉其购买心理

在与客户谈判的过程中,对方可能不会向你展示过多的动作,那么,这种情况下如何洞悉客户的心理?答案很简单,只要观察客户的视线就足够了。在你与客户刚开始的谈判中,接触最多的可能就是视线了。如果能够把握这个细节,哪怕只是一次小小的视线转移,都能够成为你洞悉客户心理的有效信息。那么,在与客户的谈判中,应该从视线的哪些方面来了解分析客户的心理呢?

1. 透过客户视线的方向来判断他的心态

如果你正在与对方谈判,而对方一直把视线投放在很远的地方,根本不曾注意到你的存在。这种情况可以分为两种,第一,对方对你表现出不喜欢的态度。可能这种不喜欢来自于你的某个方面,或者是不在意你所说的话。如果出现这种情况的话,你要做的就是调整好自己,引起对方的注意。第二,这只是对方用的一种伎俩而已,看似表面上对你所说的不屑一顾,只是想通过这些打击你的积极性,从而使你很快暴露出自己的弱点,给对方以可乘之机罢了。如果是处于第二种情况的话,你没必要考虑太多,只需要保持好自己就可以了。

同样,如果对方把视线投在你身上,表现出一种专注的样子,则一方面表明他对你所表达的意思持理解、接受的态度;同时,也可能他这样做只是出于一种礼貌而已。总之,具体心理变化,还要把当时的情况结合起来考虑。

2. 通过客户视线的转移来推测客户的心思

如果在你与客户的交谈中，当双方视线相撞时对方迅速把视线转移开来的话，表明他内心很紧张，他的表达与自己内心有差距，以期通过视线转移来隐藏自己内心的秘密。那么面对这种情况，你就要搞清楚他所隐瞒的到底是什么，然后寻找有利的时机揭穿真相，获得主动权。

如果双方在视线交流时都能够自然而然地转移开来，表明两者谈判气氛很融洽。对于你的发言，他表达的是认同的意思。相反，如果对手的视线移动得过于频繁的话，说明他根本没有认真听你的发言，甚至可能会对你产生不屑一顾的看法，这个时候，你要注意改变自己的说话方式，以期适应对手的说话习惯。

3. 透过对方视线的角度也可以推测出客户当前的心理

如果双方交谈时，对方采用一种仰视的态度看你，这表明当前他内心对你的尊重之情。对于你的意见和见解引起他由衷的敬佩之情。相反，如果对方看你的时候，多采用一种俯视的角度的话，多表明此刻他有意无意地在向人宣扬自己的骄傲之情，从而在你面前刻意保持着自己的尊严。如果在谈判中遇到这种情况的话，你也没必要过于紧张，因为对手俯视你，多少也表明了他目前有点心虚，可能他这样做只是虚张声势而已。

同样，在人的视线中，除了仰视和俯视，还有斜视和扫视。如果在谈判桌上遇到对方给你这种斜视眼神的时候，多表明当前他对你的所作所为不屑一顾。同样，如果对方只是匆匆扫视你一眼，然后脸上带着不屑一顾的神情，其实他是在讥笑你。如果你确实遇到这种情况的话，记住先要冷静，不能因为别人的一个眼神而慌了阵脚，可能对方这样做是有意让人慌神从而出现错误的，因此，你要避免落入对方设计好的圈套中去。

在谈判桌上，与客户的谈判不仅仅是语言上的较量，更多的是心理的较量。如果能够在谈判中洞悉对方的心理，那么就可以帮助我们争取到更多

的主动权。当然对于那些老谋深算的客户,有时我们是无法从其他方面看出破绽的,那么只有观察他的视线变化来洞悉他内心变化。如果能够掌握视线变化的含意,有助于我们更好地了解对手内心,占据有利的时机。

转换角度,年轻人要懂得站在客户的立场思考问题

我们在向客户推销自己产品的时候,可能会遇到各种分歧,有时双方甚至会发生争辩。推销员与客户发生争辩的原因多数因为双方各自坚持自己的观点,没能体会到对方的真实想法。如果在推销的过程中,我们能够主动地从对方的角度出发,考虑到对方的感受和利益的话,一定可以有效地化解双方的分歧,利用双方的沟通,最终达成交易。因此可见,在与客户的沟通中,有时换位思考比争辩更能解决问题。

很多人在与客户沟通时,总是过于强调自己的产品特点如何,与其他同类的产品相比有哪些优势,过于坚持自己的观点,却忽略了从客户的角度去思考自己的产品。作为客户来说,可能他真正需要的,并不是推销员所强调的优点。这个时候,双方便会针对一些问题出现争执。如果双方互不相让的话,结果很难实现交易。如果这个时候推销员能够从客户的角度来看待自己的产品,那么问题可能就迎刃而解了。

在竞争日趋激烈的今天,要想真正做到与客户之间达成共同的协议,就要学着换位思考,站在客户的立场上思考问题。如果我们总能站在客户的角度来看待问题,那么我们与客户之间也就不会出现什么矛盾了。

1. 换位思考,要求销售人员能够真心想着客户的需求

想要成功地推销出自己的产品,那么你先得明白客户的真正需求。你对自己的客户了解多少?你们的交流是不是仅仅流于表面?例如,当你的客户提出要购买洗衣机,也许你会认为他是想购买洗衣机,没错,他是有这种需求。但是面对那么多的洗衣机种类,你该为他推荐哪种型号的洗衣机更能打动他的心呢?这就需要你根据客户的实际情况来决定。可能你的客户经济紧张,他现在只想购买一种经济实惠型的,如果你执意给他讲一些豪华型的,肯定不会有什么收获。由此可见,在向客户推销你自己的产品前,一定要先想清楚客户的真正需要,然后从客户的角度出发,取得客户的信任。

2. 与客户换位思考,就是要求真诚对待客户

面对客户在购买产品时所提出的疑问,我们都能够认真对待。哪怕站在你面前的是一位身形矮小的残疾人,也不应该用异样的眼光去看待对方。现实生活中,有一些人在推销自己的产品时,总用一种有色的眼镜看待他人。如果他面前的客户从外表看来没有实力购买自己的产品时,对于对方的咨询便会产生一种不耐烦的口气,从而给客户心理带来一定的伤害。与客户沟通时,无论对方身份、地位如何,都要运用自己的真诚微笑去回答对方提出的问题。试想一下,假如你正是那位客户的话,如果遭遇到非礼貌的对待,你会是什么样的心情?如果销售人员与客户沟通时,能够将心比心,从客户的利益出发,主动替客户着想的话,一定可以获得客户的支持。

3. 与客户换位思考,就是要真诚地服务于客户

也许有人会认为,只要说服客户购买了这个产品,自己的任务也就完成了。其实,与客户签单并不代表销售的完成,而只是一种开始,也就是说,你与客户之间的合作刚刚开始。那么,在你与客户合作的过程中,更能体现出

双方的品质。真诚对待客户，要求每一名销售员都把客户的利益放在第一位。想客户所想，跟客户建立起一种良好的关系，让客户体会到我们的真诚之处。这样一来，可以加深客户对产品的认同和对公司的信赖，可能在无形之中会给公司做宣传。相反，如果你只是把产品卖了出去，对于出现的问题采取一种置之不理的态度，造成客户对公司产品的质疑，最终只能失去客户的信任，从而失去更多的客户。

换位思考其实很简单，只要你能把自己放在客户的位置上，那么客户现在最想要的也是你所想要的，有利于体验客户的心理，从而做出适当的改变。在处理和客户之间的争辩时，如果我们能够自觉地运用换位思考，既可以体现出对客户的尊重，取得客户的信任，还可以有效地解决当前的问题，有利于双方达成协议，促使交易成功。

第16章　生意步步为营，善用心理策略搞定复杂商战

俗话说，商场如战场，也许有人会觉得商场很复杂，自己肯定不可能在这复杂的战场上取得胜利。其实并不是这样，无论多么复杂的东西，也都有它的破绽所在。如果你能够准确地找到它的弱点，尔后从这里入手，一定能够在这场较量中取得胜利。在这一章里我们所要讲的就是一些商战中的小技巧，相信看完之后，一定会给你带来帮助。

“销售”这场戏需要你用心演

很多销售业绩不太理想的人,总会把销售看得过于复杂,总认为这其中一定有什么深奥的道理自己还没有弄明白。其实,销售很简单,就是一种表演。只不过传统的表演是在舞台上进行的,而销售这项表演的舞台,可以随时随地,并且参加表演的人和观看表演的人是参与销售中的双方而已。一位在销售培训业界有名的人曾说过:“一名出色的销售员首先得是一名好演员。”

其实,细细想来,也确实是这么个道理。以往的传统销售不就是推销员通过自己的演说,达到成功说服客户的目的吗?销售员在表演的过程中,通过对自己产品的介绍,让客户真实地了解了产品的性能与价值。

作为一名销售人员,应该怎么做才能成功的演好这场戏?

1. 想要说服别人,先得说服自己

为什么说成功的演戏可以打动观戏者的心?主要是演员在表演时,已经把自己当成角色中的人物,自然而然地表现角色特有的语言、行为、心理特点。如果销售人员要想成功地打动购买者,那么自己也得先“入戏”。这里的入戏,是指销售员应该自己首先对销售的产品或服务有百分之百的认可和认同。只有成功地说服自己,相信这种产品或服务时,才会以自己的肯定之情去打动购买者的心。这就要求销售员对自己销售的产品或服务要了如指掌,甚至要像经营自己的生意一样全身心地投入销售过程中来。这在心理学家看来,其实就是一种自我催眠,其目的就是想利用心理上的认同带

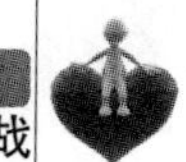

来潜意识的变化，这样就可以达到行为上的理想状态。

2. 学会在适当的时候从角色中走出来，引导客户购买产品

销售人员不单要能够“入戏”，还应该能够从表演中走回到现实中来。这里的走回现实，并不是指变回原来的自己，而是指能够在适当的时机从角色中走出来。这是销售和表演两者的不同之处。如果你只是沉迷在自己所精心导演的戏中无法走出来的话，只会给客户一种做作的感觉，让人觉得你这样做具有明显的目的性和攻击性，其结果只会给他人带来排斥心理，不利于交易的达成。换句话说，你的销售宗旨是：不要为了销售而去销售，不要为了签约而去签约。如果前者的入戏，只是想通过催眠自己来打动购买者的话，那么只有及时出戏，才能催眠对方，让他不致觉察出你的真实企图。

在一定程度上讲，销售和表演其实都是通过一种行为来给他人施加一定目的的影响。两者都追求对方心理上的共鸣和认同感，然后达到自己的目的。然而，两者的不同之处在于表演是通过人物的行为、语言及外部的一些场景和效果牵动观众的心；而销售则更多地辅之一些资料和道具，向客户宣传某种产品或服务的质量，使其从心理上得到认同，然后双方达成交易，因此，销售这种演出的时间过程要比表演稍长一些。

由此可见，销售并没有一些人想象的那么复杂。对于销售人员来说，只要准备充分，与客户交谈时能够出色地完成这次表演，那么离交易成功也就不远了。对于一名出色的销售人员来说，虽然大家都心里明白他是在表演，然而在表演结束的时候，却仍不得不为他的表演所折服，那才是一种真正的表演境界。如果你也能够达到这种境界的话，你还会对这看似复杂的销售活动心存畏惧吗？

年轻人言辞动听，交易更易达成

向顾客推销自己的产品看似一件普通平常的事情，但是不同的人可能就会出现不同的结果。对于那些能力很强的销售人员，可能在他们的极力说服下，客户会很爽快地签下单子，然而，对于某些人来说，可能他们磨破嘴皮子也无法打动客户。同样推销一种产品，为什么会出现这种差距呢，归根结底是由于销售人员的说话方式不同。

如何能让自己的语言更有说服力，更能够打动客户心，这是一名销售员想要取得成功所必须具备的一种能力。这种能力简单来说就是，用自己动听的声音说服客户认同，然后打开自己的钱包，完成交易。由此可见，对于销售人员来说，锻炼自己的说话能力很重要。那么，如何让自己的声音动听，打动客户内心呢？

1. 个人语言表达能力的提高

一名成功的销售员必定要有一定的能力，这个能力包括很多方面：语言表达能力、语言组织能力等。也许有人会觉得这些都没有必要，其实并不是这样。如果想让自己声音动听，只是单单地靠发出声音的质量是很难实现的。现实生活中并不缺少那种虽然说话声音好听，可能三句话都没能说到重点地方的情况。因此，动听的声音不仅包括音质好，还应该具备较强的语言表达和组织能力。作为销售人员，应该在平常工作中注意提升自己的语言表达能力，争取做到吐字清晰，语言表达能力强，用简单的话表达深刻的道理。这样与客户沟通的时候，才更有说服力，可以让对方从你的谈吐中对你刮目相看。

2. 锻炼自己的说话艺术，根据对方心理需求说话

想要最短时间打动客户的心，获得对方的认同，单靠一些表面的东西还不够用。作为一名销售员，你还得掌握说话的艺术，把话说到对方心坎里。能够掌握说话的艺术，从一定程度上来说有助于我们取得成功。与客户交流时，如果你只是照本宣科地把产品的性能等参数用悠扬的声音表达出来，对于客户来说还是缺少说服力。成功的销售者能够从客户的话语中准确地分析出客户所真正需求的东西，然后通过自己巧妙的语言在一种轻松愉悦的气氛中完成交易。比如，面对一个很固执的客户，如果你只是一味坚持自己意见的话，双方肯定会引起争执。这个时候如果你能够先去认同他的观点，让他在心里感受到你的尊重与理解，会更有利于双方交谈下去。对于那些爱听奉承话的人，推销的过程中不妨先给他几顶高帽子戴戴，相信一定会对你的推销大有帮助。

3. 充足的专业知识作为基础

与客户沟通时，想要让自己的声音动听的话，必须先把自己的专业知识准备好。试想一下，如果客户向你提到公司另一型号的产品时，你所能给的只是支支吾吾的答话，能让别人信服吗？你的声音能显得动听吗？因此，如果想要让自己的声音听起来悦耳动听的话，就要多熟悉掌握自己的产品知识，用自信的形象来改变客观条件的不足，必要的时候，还应该掌握一下其他品牌产品所存在的缺点，以提供给客户作为参考，相信拥有这些专业知识作为后盾，你自信的声音一定会给客户留下深刻的形象。

想要成为一名成功的销售人员其实并不简单，如果你只是想抱着一种无所谓的态度去对待自己的客户，那么最终你肯定会被客户否定，更不用提让客户购买你的产品。因而，如果你也想成功的话，不妨从现在做起，在以上几个方面做足工夫。只要以上几点都达到了，相信你的声音一定会让客户觉得动听,客户购买你的产品便是水到渠成的事了。那么你还会为丢失客户发愁吗?

年轻人要把心态放平,该收手时就收手

都说商场复杂,许多事情很难预测结果,面对商机,到底我们应该做什么样的抉择?身在商场,会遇到一连串的抉择,如何才能做出正确的抉择,成就成功幸福的人生,是很多人在思考的问题。很多人在商场中总会不自觉地犯同样的错误,这并不是偶然现象,结果之所以会这样,是有其根本原因的。如果想要在激烈的商战中取得胜利,那么千万别犯错误。

为了给身处商场的朋友们一些提醒,这里对常见的错误做具体分析:

1. 面对当前失利,一再增加筹码,企图一举反本

在赌场里拥有这种思想的人很多,他们总是把希望寄托在下一把上,借此把以前输的赚回来。如果把这种思想运用到商场中去的话,无疑会给自己财产带来极大的风险。生意场上,失败在所难免,如果在这块地方撞了头,那么就应该想办法,看看有没有其他的出路,这才是取得成功的正确思想。如果你非要把自己放在一条死胡同里,继续寻找出路的话,最终只会落得个头破血流的地步。

2. 偶然的几次胜利后失去警惕,再次投入自己的全部积蓄,希望得到最大的胜利

如果一再胜利,会促使人越来越贪婪,他们可能会把自己的全部家当都放上,在生意场上,这种思想也是绝对不允许有的,无论你前面成功几次,都

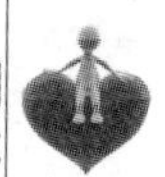

不能放松警惕，因为有时候，他人正是想利用你贪婪的本性，引诱你拿出全部的财产，然后给你来一个沉痛的教训，最终只会让你失去所有的东西。

3. 接连几次的失利，就自己先乱了阵脚，最终也只能失败

很多时候，如果在商场中接连几次输了的话，下次做决定的时候心里就会犹豫不决，不知道该继续保持，还是有所增减，自己的内心便会处于一种矛盾中，最后只能凭自己的感觉，随便做出决定。面对着结果，如果胜利的话，他会懊悔刚才怎么不多加点；反之，如果失利，他可能会暗自庆幸自己有先见之明。无论哪种思想，在生意场上都不利于交易的进行，因为这个时候，你的大脑过多地被这些外在的因素所干扰，不利于分析局势，做出正确的判断。

4. 接连的失利使内心产生恐惧，在接下的交易中决定会很情绪化

在商场中，如果一个人总是接二连三地出现失利的情况，那么他的内心便很容易产生恐惧心理，他们害怕如果继续做下去的话，自己肯定会输得更惨，于是便听命于直觉，采取随心所欲行动。这种做法其实最要不得。如果不假思索便采取行动的话，无疑会给自己带来严重后果，不利于扭转当前的局势。

在生意场上，以上这几种错误是一定不能犯的。想要在商战中取得胜利，你就要学会保持良好平静的心态来看待问题。如果你只注重结果，从而忽略了事情本身的话，肯定会在内心深处增添压力，当你在思考问题的时候，这些压力会干扰你做出正确的判断。因此，想要在商场中立于不败之地，要注意以下几点：

1. 保持良好的心态，不以外物改变自己的情绪

无论你从事什么样的生意，都不能过分看重输赢。谁都渴望能够在商场中立于不败之地，但是胜败乃是常事，如果你的心理承受不了输的痛苦的

话,还是奉劝你早些放手。无论什么时候,都应该保持超然于物外的胸怀。只有这样,你才能在做出决策时冷静地分析当前形势,做出正确的决定。

2. 提高自己的境界,不能把钱看得过于重要,修身养性是关键

如果想获得商场中的胜利,需要让自己能在金钱的诱惑下,保持清醒的头脑。一个人如果没有什么欲望的话,那么他就不会被外界扰乱心境,这是生意场上不败的根本。如果一个人总是贪得无厌的话,注定会失败。因此,一个聪明的商场决策者应明白,无论形势多么有利,该收手的时候一定要收手;反之,如果形势对自己不利的话,要学会立即停手,保存实力才是关键。在商场中,如果你能够注意这些方面,避免犯重大错误,一定可以在复杂的商战中成为赢家。

思路灵活,尝试自我宣传

如果想要让自己的产品被大众所接受,在本地市场胜出,仅仅依靠被动地接受客户的选择是远远不够的。这就要求你学会对自己的产品进行有计划的宣传。有宣传就会有成效,虽然成效的大小不一定,但是如果没有自我宣传的话,那就一定没有成效。

随着社会的发展,各种各样产品种类繁多,产品之间的竞争变得越来越激烈。为了能够抓住消费者的目光,厂家会对自己的产品进行宣传。但是想要赢得广大的市场,仅仅依靠厂家的宣传显然是不够的。如果经销者能够对自己的产品进行宣传的话,可以让大众更加了解这种产品,从而做出选择。

作为一名销售者,如何对自己的产品进行宣传才能达到理想的效果呢?

1. 巧用一些小的物品吸引顾客的眼光,为自己宣传

有时候,厂家会在产品中附带赠送一些小件的物品,如果能够对这种物料灵活运用的话,既可以增加自己的销售额,又可以达到宣传自己产品的效果。当然,在选择物料的时候,应尽量选择一些可以在户外使用的东西,这样的话,当消费者在使用你所提供的赠品时,会把你的产品带给更多的观众,有利于提升自己产品的知名度。

2. 借助于媒体的力量,让更多的人看到你的产品

为了提升自己产品的知名度,你可以选择在媒体上进行自我宣传。这种媒体主要包括三个方面:

(1)广电媒体。当今社会,电视、广播的使用已经很广泛,如果能够把自己的产品投放在上面的话,一定能让更多的人知道并了解这个产品,为消费者购买时多提供一种选择。

(2)车载媒体。随着社会的发展,每天有许多人穿梭于大街小巷,一些产品的销售者便把目光放在这些交通工具上。通过把自己的产品喷印在公交车上,让这些运动的车辆把你的产品名字带到更多、更远的地方,可以使更多的人知道这种产品。

(3)平面媒体广告。销售人员可以通过产品彩页、企业画册、广告牌、条幅等,让路过这里的人都能够看到你的产品。

当然,以上这两种宣传方法已经被多数人所运用。想要在鱼龙混杂的市场中突出自己的产品,还要学会另辟蹊径,以求抓住大众的眼光。目前,比较热门的主要有以下几种:

1. 广场展销

为了能够吸引大众的目光,加强消费者对产品的认知,可以组织几次展

销活动。这类活动的前期要加大宣传力度，让更多的消费者来到展销现场观看产品。同时，展销的过程中要培训专门的讲解人员，他们主要任务是负责给消费者讲解产品使用及功能之类。如果有必要的话，还可以现在采用试用的方法，让广大的消费者参与其中，亲身体验产品的与众不同之处，有利于消费者更好地选择。

2. 让自己的产品进入大型卖场，利用卖场的知名度提高产品的认知度

在一些大型的卖场，每天都有成千上万的商品云集在这里，如果能够把自己的产品放进去，在消费者选购其他产品的同时，也会注意到自己产品，这样也可以提升产品认知度，提升产品名气。

3. 通过一些优惠活动，打动消费者的心

如果是质量相同的产品，两者价格又相当，如果你能够定期搞一些小的优惠活动，一定会吸引更多的目光。毕竟对于大众来说，购买好而不贵的东西，是每一个人都希望的。

4. 通过宣传自己的服务来说服消费者做出选择

如果相同质量、相同价格的产品，那么大家肯定会选择那些无论是售中还是售后服务都很好的产品。对于大家来说，如果能够给自己以后使用产品提供一种服务保障的话，更能引起消费者的兴趣。

在产品销售中，如果能够从实际情况出发，选取合适的宣传方法，对自己产品销售一定会起到好的作用。但是需要注意的是，我们所宣传的东西一定是产品本身所具备的。不能为了吸引顾客就有意夸大，这样的话，谎言终有被揭穿的一天，到那时可能会让大家都认清你的真面目，不利于日后产品销售。

年轻人懂得拒绝能为自己减轻烦恼

无论在哪种场合下,我们都会遇到一些我们不得不拒绝的场合。如果不能够准确及时地表达出我们的拒绝,就会被一些事情所累,从而偏离了成功的轨道。若你只是生硬地拒绝他人要求的话,可能会给以后的人际交往带来不利因素。当别人对自己提出过分的要求时,如果能够巧妙地说“不”,这样一来,既不会引来不必要的争端,又可以顺利地解决当前的问题,有助于获得成功。也许有人会说,难道说一个简单的“不”字,还有什么技巧可言吗？答案是肯定的。

在生意场上,如果我们的顾客向自己提出过分的要求时,如何巧妙的表达出“不”的意思呢?

1. 在你拒绝他人的要求时,态度一定要明确

对于顾客的请求,可能有时我们确实没有办法,这个时候我们不得不表达出自己的无能为力。但是有的人可能会觉得这样做很没面子,所以就会说一些“我看看、我考虑考虑”之类的词语,其实这种做法很不妥当。对于他人来说,可能你的直接拒绝会让对方受不了,但是如果你用一种含糊不清的态度来表达的话,会让对方在心里对你抱有一丝期望,如果最终结果还是遭受拒绝的话,会让对方认为你根本是不想帮忙,甚至故意拖延时间。这样一来,会在对方心中留下不好的印象,不利于双方以后的交往。

2. 拒绝他人时,如果能够把事情的原因说清楚更容易得到他人的谅解

在生意场上,如果不能够给对方承诺的话,那就要明确无误地表示出自己的拒绝。但是这个时候,如果你害怕顾客误解的话,最好能够带上一些解

释性的句子，把你拒绝的原因说清楚，有助于消除顾客内心的不满，从而得到对方心理上的谅解。心理学家经过反复研究发现，在人际交往中"因为"的力量是无穷的。在人的潜意识里，"因为"后面的话都是有效的。尽管有时候这些话都是一些废话，但是人们一听到"因为"一词，潜意识中的接受神经便会被触动起来。

3. 运用小策略轻松化解对方遭拒绝后心理的失衡感，也同样有助于双方的交往

当你对他人表达了拒绝的意思后，如何才能快速消除对方心理的失衡，其实方法很简单。既然你拒绝了对方，让对方心理上产生不平衡，那么只要找一个借口让对方也拒绝一下你，便可以解决这个问题。经过研究发现，这种方法对于化解拒绝他人带来的失衡心理是非常有效的。这样做一方面可以让对方心理上产生平衡感，同时还可以有效减轻你的内疚感。

但是在使用这个策略的时候一定要注意，你要寻求帮助的问题一定要及时提出，如果等到对方早已把刚才你的拒绝放置脑后时再提出来的话，肯定会加重对方心中的烦恼。所以说，你的请求应在拒绝他人后，自然而然地提出，让他人看不出任何破绽。另外还要注意的是，你之所以提出这个要求是想让对方拒绝，因此你的要求最好是对方无法办到的。

当然，如果对方在向你提出要求时，可能稍微有点超出自己的能力，这个时候如果你实在不好意思拒绝的话，与其在那里犹豫不决，倒不如痛痛快快地答应对方。因为你的搪塞推托可能会给对方一种摆架子的感觉。如果一开始就答应下来，实在办不成的话，对方也会觉得反正你已经尽力了。相反，一味推脱只会让自己陷入一种被动局面，即便最后事情办成了，也会让对方觉得你这个人不实在。

无论在商场还是在生活上，能够巧妙地拒绝他人的不当请求，既可以顺利解决问题，还可以维护好双方之间的感情，只要这样，才能轻快地行走在通往成功的大道上。反之，如果不懂得任何技巧就生硬拒绝，只能给自己带来许多烦恼，最终也只能阻碍成功。

第五部分

收获甜美爱情的心理策略

第17章 运用心理妙招，让对方打开心扉

在爱情的世界里，有时候往往是因为我们没有用恰当的方法，所以才无法敲开他的心门。相爱的两个人，最重要的是来自心灵的交流。所以快速打开对方的心扉，你可以避免用直白的语言去赞美他，而是以含蓄的话语称赞一位异性更有效果；在两个人都处于静默的时候，不妨谈论一下你们的共同体验，以激起彼此心灵上的共鸣；要学会尊重对方，话题尽量从对方的情况说起，表明你很关注他；直呼其名常常比称谓头衔更亲切，会拉近你们的距离；在生活中通过自己的关心来暗示你是“喜欢他”的，这样才会让他对你充满了好感。

年轻人赞美异性，间接更有效

在人际交往中，如果你想去称赞一位异性朋友来表示你对他的好感，那么这时候，千万不要用直白的话语去称赞，而要用含蓄的话语称赞他，这样达到的效果会更佳。在称赞异性的时候，你就要恰当地表现出自己的理智和聪慧，学会掌握一些说话的技巧，就能够轻易打开对方的心扉。有时候，你想对他表示出你的好感，那么用含蓄的语言是再恰当不过的。如果你的称赞过于直接或是直白，就会给别人造成一种“轻浮”的印象，这时候不但自己的形象受损，而且被称赞的异性也会觉得不自然。因此，赞美一位异性，直接不如含蓄、委婉。

以含蓄的话语称赞异性，往往能恰当地表示出你的友好，还能使他人对你充满好感，拉近彼此的距离。很多人都有这样的经历，在某次聚会中，看到自己比较心仪的异性，该如何跟他表示出你的好感呢，这时候很多人都选择赞美的方式来达到他的目的。而含蓄地赞美异性则是最好的法宝，既能大方适当地赞美别人，又可以不露痕迹地表示自己的好感。含蓄的赞美主要是能够使自己在交流中处于一个比较稳定的位置，也能更好地避免对方因为你太过直接的赞美而感到尴尬。你可以含蓄地称赞一位女性“你今天看起来真有魅力！”而不是直白地赞美“你的手真美”或是“你真性感”，这样有可能让你自毁形象，对方也会觉得你是比较轻浮的人。而称赞一位男性，你也可以借用别人对他的赞美来称赞他“听别人说你最近做了一笔大生意，真是年轻有为”。而很多时候，我们可以借别人的赞美之词来称赞对方，这样含蓄的称赞也是卓有功效的。

东汉末年，貂蝉受义父王允的指派，游离于董卓和吕布之间，以此来激起他们之间的矛盾。貂蝉为了挑拨吕布和董卓之间的矛盾，故意接近吕布。她饱含深情地对吕布说："妾虽在深闺，但久闻将军大名。本以为在这世上就将军一人有如此本领，但听到别人闲言，说将军受他人之制，如今想来，着实可惜。"说罢，泪如雨下。吕布听了很惭愧，满怀心事地回身抱住貂蝉并安慰她。

后来，吕布果然与董卓出现了裂痕，并且在大怒之下，为了貂蝉亲自斩杀了自己的义父董卓。

聪明的貂蝉就是利用别人的传说来把吕布称赞得是举世无双、无人能及，如此贴心的赞美激起了吕布的虚荣心。于是，貂蝉再巧妙地挑拨，说他受董卓之制，表示出自己的惋惜。在吕布看来，自己身为热血男儿，又怎能受如此之羞辱呢？貂蝉的只言片语，就成了董卓与吕布之间矛盾的导火线。貂蝉的含蓄赞美，是一计完美的"请君入瓮"，不但赢得吕布的好感，还成功地离间了董卓与吕布之间的感情。

这种借助别人的话来表达你的赞美还有一种妙处，那就是能把你的立场模糊起来。你能自然地表达出自己心里话的同时，又不致引起别人的误会，就犹如一把适度的尺子，保持了异性之间应有的距离。如果你在社交场合用含蓄的话语赞美异性，那么对你更是无往而不利。你专门利用对方的虚荣心理，利用对方维护自己面子的自尊心，来达到自己的目的。你会在不知不觉之间，使对方顺从于你。借助别人的话语来对异性赞美，能使异性对你的意图既有了大致的了解，但又不至于太过直白，使自己处于尴尬或无路可退的地步。但是你也要适当注意，如果你借用别人的话来赞美对方，就没有必要指名道姓地说自己是听谁说，以免日后留下隐患。

你在赞美一位异性的时候，应该适度含蓄，还要讲究语言艺术，否则即使对方不对你产生误会，也会显得自己没有内涵，没有风度。在人际交往中，自我形象十分重要，它通常是你人际关系好坏的关键。在异性面前展现你良好的形象，就是你成功的开始。因此，在赞美异性的时候，既要保护好自己的形象，又要使他高兴。所以说用含蓄的话语来称赞异性是非常有效的，它会让你轻易打开对方的心扉，从而对你充满好感。

年轻人要用共同回忆建起沟通的桥梁

在日常生活中，有时候我们会陷入这样的场面：当你和爱人一起交谈时，却不知道从哪里说起，想谈自己喜欢的话题，可又担心对方感觉受冷落；如果你想说一些关于她的话题，可又怕哪个地方说错了。所以，两个人就会陷入比较静默的局面。时间一长，两个人就会由于缺乏沟通而感情疏远起来。在这种情况下，你不妨和他一起谈论一下你们的共同经历的事情，这样可以重新搭起彼此沟通的桥梁。

当两个人处于安静状态的时候，你可以开始慢慢回忆你们的共同经历过的事情。它可以是某一次你们心血来潮地跑到很远地方的一次旅行，你可以带领着他的记忆再次回味旅途中的兴奋感觉；也可以是你们在无聊之余，穿越了整整一条街才吃到的一顿美味的麻辣火锅，现在还想得起你们被辣得满头大汗的畅快；也可以是你们刚开始认识的时候，你第一次跟着他回老家，那种“丑媳妇总得见公婆”感觉现在还记忆犹新。你们一起经历的事情很多，所以，在你们都已经无话可说的时候，可以用你们曾经那些美好的、甜蜜的、宝贵的记忆来重新唤起心里的激情。偶尔回忆过去，能让我们更加珍惜现在的感情。当那些你们共同的美好时光像放电影一样在你们脑海里呈现时，你会发现那些你很久没有去动的记忆盒子，一点也没有沾染灰尘。相反，它们新得就如同昨天发生的一样，似乎也正在等着你亲自去揭开它。回忆总是美好的，哪怕是你们的一次吵架，现在想起来，也会让你们觉得乐趣无穷。所以，若你们的感情已经很久没有沟通过了，那么正好用一些你们共同的经历，让你们在感情上达到一种默契。

周末，莉莉正在打扫房间，哼着快乐的歌，她是一个开朗的人。等她把屋里都收拾好了，来到卧室，看见丈夫还懒懒地躺在床上，眼睛空洞地盯着天花板。莉莉突然想起来，他们两人已经好久没有沟通了。于是，莉莉坐在床沿上，把自己的腿在那里晃啊晃。

“志刚，你还记得我们第一次回你们老家吗?”莉莉突然发问。

“记得啊，怎么了?”志刚无精打采的样子。

“哈哈，那你记得你们村里的人看见我的牛仔裤的那种表情吗？哈哈，那表情，简直就是以为我是个穷姑娘，我现在还记得。”莉莉兴奋地拽着志刚的胳膊。

“嘿嘿，那是他们见的东西少，可不，连我妈还把我拉到旁边，悄悄地问‘你在哪认识的闺女，咋能穿着一条破裤子乱跑呢，多丢人’，哈哈，哎，没有想到你也有被说成乞丐的时候。”志刚回忆起往事也显得高兴起来。

“哎，你们家那头大黄牛怎么样了？上次听你爹说，不是生病了，也不知道现在好了没？那时候回去，我还坐在牛背上唱歌呢，现在想起来多带劲。”

“它还结实着呢，就是显得比你老，嘿嘿。”志刚诙谐地说。

“要不，咱们今天自己开车回去吧，明天再回来，在你们家住一宿，我已经怀念你妈做的红烧肉了。”莉莉已经兴奋得站起来了，她拉着志刚。

志刚想了想,马上翻身下床,搂着莉莉向门外走去了。

莉莉巧妙地把志刚引入回忆,他们一起想着第一次回老家遇到的那些趣事,当他们你一言、我一语地说开以后,才发现彼此的心挨得更近。共同的体验让他们搭起了沟通的桥梁,共同的记忆唤醒了他们沉睡的心。当那些一起走过的日子在他们脑海一一浮现时,会让他们重新打开心扉。没有什么能比真心更能增加彼此的感情了,所以多谈论一些你们的共同体验,会让你们的感情走入一个新的境界。

或许现实枯燥的生活会让我们的感情处于一个疲惫的时期,甚至两人之间的交流也越来越少。这时候,学会和他一起回忆你们的往事,那些爱的痕迹会让你们的感情升温。

先谈与对方有关的事,赢得好感

当你与他人交谈的时候,你应该尽量把话题引到对方的情况上。从对方的情况谈起,这会充分表现你对他的尊重。如果你开口说的就是自己,从你自己的爱好说到你的工作,夸夸其谈,哪怕你说得口若悬河,他也不会对你产生好感。因为在他看来,你只懂得自我吹嘘,不去照顾他的感受,他也会觉得你不尊重他。另外最重要的一个原因就是当你恰当地把话题从他的情况谈起的时候,就很含蓄地表达了自己对他的好感。你希望多了解一些有关于他的情况,所以才会从对方的情况谈起。在你的尊重下,他会对自己的情况侃侃而谈,比如说自己的童年、学业、工作,你对他越了解,你就越能恰到好处地打开他的心扉,就能够轻易地获得他的好感。

另外，在你们交谈的话题中，如果能够先从对方的情况说起，就更能勾起他说话的欲望。如果你把话题局限在你自己身上，他会觉得对你没有什么了解，所以就不会贸然开口了，最多只是在你说话的时候，适当地保持微笑，或者附和一声。话题已经被你抢了先，他就不会轻易地开口，更不会说出自己的情况。因为只有你一个人说，这样就达不到彼此交流的目的，你在这次谈话中也会毫无收获，而且谈话的氛围也会显得枯燥无味。这样不仅不会让他对你产生好感，反而会对你感到十分失望。每个人在谈话过程中都需要被尊重，你的尊重也会换来他对你的尊重。与人交流，最重要的不是我们自己说，而是听一听别人的情况，这样才会更加了解对方。所以在两个人交流的时候，话题要尽量从对方的情况说起，这样既能恰当地体现你对他的尊重，也会勾起他说话的欲望，而你在交流中也能够获取他的好感，达到你的目的。

王先生第一次见到芳芳是在一家咖啡店，当坐在咖啡店角落的王先生第一眼看见芳芳，他就被芳芳那种气质美吸引住了。两人相互打了招呼就坐下了。王先生喝着醇香的咖啡，不禁感叹道："真是美味，好久没有喝过这么纯正的咖啡了，你觉得呢？"芳芳微笑地点点头，并不搭话。

"听说你在西城那边也开了一间咖啡店，你真是一位清闲而又富有情调的老板啊。"王先生为了打开话匣子，开口说。

"嗯，是和一位姐妹合伙开的，你什么时候去尝尝，我们那里的咖啡可是最纯正的，保准合你的口味。"芳芳一听王先生谈起自己的咖啡店，不禁自豪起来。

"会的，我现在就迫不及待地想去呢，到时候还希望能够尝到你亲自煮的咖啡。"王先生不失时机地夸奖道。

"你是怎么想自己开一间咖啡店的？是儿时的梦想吗？"王先生有点好

奇地问。

“儿时的梦想不是这个，小的时候，是希望做个自由职业者，到处奔波流浪，那是我小时候梦想中的生活。可是长大后才发现做一名自由职业者并不是一件容易的事情，而且家里也不支持，所以就渐渐放弃了……”芳芳打开了自己的话匣子，开始滔滔不绝地说起自己的创业之路。

王先生一边适时地表示赞赏，一边微笑着倾听。

聪明的王先生在谈话中，巧妙地把话题引到芳芳的情况上去，一下子就拉近了彼此的距离，也让第一次见面的芳芳放开了戒心，敞开心扉说话。而王先生可以从芳芳的谈话中，了解到更多有关芳芳的一切，也为他们的关系进一步发展做了准备。而芳芳对王先生主动谈起自己引以为豪的咖啡店，自然是欢喜不已，也对王先生充满了好感。

当你与某一位异性谈话的时候，你要学会巧妙地把话题引到对方的情况上去，这样才能够轻易让他开口，并且对你产生信任。而你的尊重会让你们之间的距离瞬间拉近，也能表现出自己的风度。让对方能够快速信任你，并且对你充满好感，那么最好的办法就是先从对方的情况说起。

直呼其名比称呼头衔和称谓更亲切

两个人在一起的时候，总是希望通过自己的语言、行动来表示对他的亲近，这样会表现你们关系的亲昵，也可以增加彼此的感情。而这时候，如果你能够直呼其名，就会比那些所谓的称谓头衔亲近得多。直呼其名可以更好地打动别人，来使自己亲近对方。直呼其名带给他人的心理效应，往往能够使对方强烈地感觉到你和他关系十分密切。当你和他一起去参加一个聚会，那么你对他直呼其名可以表现你们关系比较亲密，因为有的称谓可能不适合在公共场合，而直呼其名恰好可以很好地弥补这一点。而当你与他交谈的时候，直呼其名还会使谈话气氛变得很轻松，谈话者自己的态度也会变得亲切起来。

直呼其名能够体现出你对他的尊重，因为他的名字是亲人取的，绝大多数人的名字都是由父母取的。而中国人取名字都讲究一些道理，或者是有很特别的含义，或者是长辈觉得很好听，这其实都是一种文化。你对他直呼其名，一方面体现了对他的尊敬，同时也体现了对他长辈的尊敬，能够称呼他亲人取的名字，更是一种亲切的举动。这种直呼其名的方式，超越了头衔称谓的意义，无论从任何角度都看不出是对他的不尊重。相反，头衔和称谓除了有一定尊重的含义之外，还在一定程度上体现了两人之间的距离，减弱了亲切感。两个人在一起有一定的称呼，是希望通过这些称呼能够使两人的关系变得更亲密，而你对他称呼冠以称谓和头衔，就会使你们的关系变得疏远。头衔称谓更多体现的是职位，而直呼其名表现的是一种亲切。但直呼其名要分场合，如果员工在工作场合也对上司直呼其名，在表现了他们关系亲密的同时，也会给人他们关系不正常的疑惑。恋人之间的关系，那么就可以直呼其名。这样的称呼既体现了相互尊重，也增加了亲近感，会使你们的关系更亲密。

在日常生活中也是一样，你常常会发现这样的场景：在某公司的走廊里，上司与下属擦肩而过，简短地打声招呼显然比点头示意显得更为亲切，如果上司对下属能够直呼其名则会收到更好的效果。比如，“某某君，拜托你把这件事办一下”，会更好地表达你的亲近感，并赢得对方的好感。

通常在医院的时候，很多护士经常以哄孩子的口吻对待老年患者，比如:听到了吗,老奶奶,该吃药了。虽然很多护士是因为出于自己的好意,但是比起用老爷爷、老奶奶这些比较泛指的称呼,而直呼其名显得更为亲近。比如,你可以这么说:某某女士,或者是某某先生,该吃药了。通常这样的表达会更好,这样老人就会认为你是真正把他当作一个人来关心他,从内心里为他担忧。而那些泛指的称呼会让对方觉得自己是被当作众多患者中的一个,而不是单独的个人,谁也不愿意被认为是大多数人中的一个,而是希望自己能够成为比较特别的一个。

如果你想向他表示你的好感,那么就要拉近你们之间的距离。而称呼对方的头衔会让你们的距离一下子拉开,首先你就会觉得两个人不是站在同一平等立场上的,难免就会因为头衔的关系而变得很疏远。这时候,你不如恰当地选择直呼其名,这样既让对方感觉到你的尊重,又能够感受到你对他的亲近。直呼其名会让他对你产生好感,并且信赖你,也会让你们的关系更密切,感情更深一分。

喜欢在心里,温婉说出来

有时候,我们会陷入这样的状况中,当你对一个人有好感,已经从心里喜欢上了对方,但是却不知道怎么来表达你的这种想法。如果你直截了当地对他说:“我喜欢你。”这会显得唐突,没有给对方时间去准备来接受你所说的话,而且你也觉得不好意思去直接说。那么我们可以用一些比较委婉的方式,你可以从日常生活中对他给予你的关心,你也可以在与他交流的时候,用你的暗示来表达“喜欢你”的意思。如果你能够清楚地让对方知道“你喜欢他”这样的想法，那么他也会对你产生好感。没有一个人会拒绝一个喜欢自己的人，特别是对于异性而言。所以，巧妙地让对方知道你的想法，会在不经意间敲开他的心门。他会因为你的喜欢而对你充满好感，也会因为你的想法而为你打开他的心扉。

如果你和他一起去参加一个聚会，那你就要时刻表现出你对他的关注。或是亲自走过去，微笑着打个招呼；或是对他今天的打扮赞美几句；或是无论他在哪里，和谁交谈，你的视线一直跟随着他；当他突然在人群中消失了，你的眼睛就开始四处张望，寻找着他。你对他热情地关注，会让他觉得你是喜欢他的。因为喜欢一个人，才会去处处关注他，这本来就是一个能够让人轻易察觉的道理。你的喜欢会让他心里感到满足，也会让他心里有点飘飘然，他也会偶尔看一下你，也会对你热情的眼神给予微笑。总之，当他知道你的所作所为是为了表达你的“喜欢”，他也会对你充满了兴趣，充满了好感。除了你要时时地对他关注，还要经常表示你的关心。有可能你从哪里得知他最近出了点事情，心情不好，你可以在这个时候，给予他无微不至的关心：或是打个电话问候一下；或是约他出来散散步，调节一下心情；或是体贴地问出了什么事，自己愿意无条件提供任何帮助。当一个人处于忧虑的心情中时，没有什么比你的关心更能靠近他的心了。你对他的问候、关心、帮助，都会让他感到温暖，都会让他感到你的“喜欢”。等到他的心门适时为你打开，你们就可以用心去交流了，这对于增进你们的感情是十分有效的。

小文第一次见到大伟，就被他那种潇洒深深地吸引住了。那是在一次聚会上，当好友倩倩把大伟拉到小文面前时，小文就有点失神，倩倩在她耳边说：“大伟是个单身哦，你要好好把握住机会。”在倩倩的介绍下，小文算是和大伟认识了。那天他们只说了几句话，大伟就因为自己公司有事，匆忙离开了，小文连他的电话都没有拿到。小文发现大伟是一个不怎么爱表露想法的人，他每时每刻都显得彬彬有礼，与你保持着既不那么远，也不会太近的距离。

小文在倩倩那里不仅拿到了大伟的电话，还把有关大伟的所有情况都了解了。周末的时候，小文有预谋地打了个电话给大伟，约他一起吃饭。大伟先是礼貌地拒绝了，后来拗不过小文的再三邀请，于是答应了一起出来吃饭。

当大伟来到相约餐厅的时候，小文已经点好了菜。大伟客气地向小文打了个招呼，就坐了下来。服务员已经把菜端上来，大伟惊讶地发现，所有的菜都是他喜欢的。他有些惊讶："原来你的喜好跟我一样啊。"小文微笑不语。

饭后，小文和大伟聊起了电影。小文从倩倩那里知道大伟原来是一位爱好文艺的青年，而大学专业学的就是电影，所以小文把话题巧妙地引到这上面。为了与大伟这次交谈，小文还"恶补"了不少电影方面的知识。

整个下午，他们都聊得非常愉快，临分手的时候，大伟微笑着说："明天有空吗？我请你看电影。"小文虽然表面很坦然，但是心里乐开了花。

小文体贴地为大伟点了他喜欢吃的菜，又在与他聊天的时候，找了个大伟喜欢的话题。所以，她委婉地表达了"我喜欢你"的意思，成功博取了大伟的好感，于是，大伟主动提出"我请你看电影吧"，这样，他们的感情无疑就更进一步了。

为了博取他的好感，那么你就在平时的交往中向他暗示"喜欢他"的想法。或是多多地关注他，或是当他心情沮丧的时候，给予他安慰；或是在生活上，给他多一些关心。这样，他就会感受到你的"喜欢"，他就会对你充满了好感。

第18章　用真心迎接爱，随时把控你的爱情路

爱情需要两个人共同去努力，才能焕发出夺目的光芒。通常爱情在逆境中，才能更加体现出它的伟大，爱情之火会因为逆境而燃烧得更炽烈；保持爱情的长久，就要随时为爱情“保鲜”，这样才会使你们的爱情甜甜蜜蜜；走进他的生活，成为他生活的一部分，让他习惯有你，离不开你；如果你们出现了矛盾，要学会及时梳理，这样才能把“吵架”当作感情的催化剂，使你们的感情越来越深。爱情是美好的，所以要以最美的姿态去迎接它，这样才能使你们的爱情更加美丽。

患难见真情，逆境中走出的爱情更坚固

一般来说，在逆境中爱情之火更为炽烈。因为在逆境中，彼此两个人把对方已经当成了唯一的依靠，这样的感情会比平平淡淡的爱情来得炽烈，来得疯狂。中国古代有七仙女与董永的爱情神话，有三圣母私自偷偷下界与一介书生成亲，还因此被压在山下，所以才有“宝莲灯”这样美丽的神话故事。无论是在哪个朝代，能够被人称颂的爱情，大多都是在逆境中的爱情。那些逆境，或许是因为父母的反对，或许是因为境遇殊途，或许是因为世俗的不容忍，或许是因为彼此两家有过节。有时候，那些在逆境中的爱情可能并没有坚守到最后，但是那样惊骇世俗的爱情依然是人们最羡慕的爱情境界。

只有在逆境中，你才会觉得爱情是多么的伟大。它可以让你冲破世俗的观念，以强大的支撑力去面对外界异样的眼光；它会让你不惜与养育自己，与自己有深厚感情的父母反目；它可以让你倾其所有来拯救你们的感情。在逆境中的两个人，因为共同承受着一切压力和抵触，所以他们的心靠得特别近，他们在逆境中学会“相濡以沫”，他们在逆境中互相鼓励。虽然有时候他们会觉得看不到未来，但是心中有爱，就有希望。所以，在逆境中的爱情之火烧得更为炽烈。有时候，你的感情本来是平淡的，但是突然来自你父母的反对，会让你的爱情陷入逆境。虽然在一定程度上会增加彼此的心理压力，但是你会发现在那种周围充满反对的声音里的爱情，会让你倍加珍惜，也倍感炙热。古今中外那些被人们传颂下来的爱情事迹，大多是在逆境

中产生的,比如说梁山伯与祝英台的爱情。

英台女扮男装,远去杭州求学。途中邂逅了同去杭州求学的书生梁山伯,他们两人一见如故,相谈甚欢,在草桥亭上撮土为香,义结金兰。没过几天,二人就来到杭州城的万松书院,拜师入学。从此同窗共读,形影不离。梁山伯与祝英台一起同窗三年,情深似海。英台深深地爱上了山伯,但山伯却始终不知道祝英台是一位女子,只是念及兄弟之情,并没有特别的感受。祝员外思念女儿了,就写信来催祝英台回家,英台只得急急忙忙回乡。临走的时候,两人依依不舍。在十八里相送途中,英台不断借物抚意,暗示爱情。山伯忠厚淳朴,却看不透其中缘故。英台无奈之下,就谎称自己家中有个妹妹,品貌与自己非常相似,自己愿意替山伯做这个媒人。

可是到了提亲的日子,因为梁山伯家里贫穷,没有能够按约定的日期到达,等到山伯去祝家求婚时,才知道祝父已将英台许配给太守之子马文才。美满姻缘,已成泡影。于是两人楼台相会,泪眼相向,凄然而别。临别时,立下誓言:生不能同衾,死也要同穴!

后来梁山伯忧郁成疾,不久便身亡了。英台听说山伯的噩耗,誓以身殉。英台被迫出嫁的那天,绕道去梁山伯墓前祭奠,在祝英台哀恸感应下,风雨雷电大作,坟墓爆裂,英台翩然跃入坟中,墓复合拢,风停雨霁,彩虹高悬,梁祝化为蝴蝶,在人间蹁跹飞舞。

好一个"生不能同衾,死也要同穴",梁山伯与祝英台的爱情真是感天动地,至今仍被人们所称颂。爱情越在逆境之中,就越能绽放出耀眼的光彩。比如像朱丽叶与罗密欧的旷世爱恋,他们同样是相爱在充满了反对的声音中,于是,他们爱得如此炽烈,以致最后因为爱而双双殉情,成了最悲壮的爱情。

有时候,平淡的爱情让人觉得看不出它的伟大,因为它只是隐藏在一个眼神、一个动作、一句话里面,好像人们都忽视了它的存在。而当爱情一旦跨进了逆境中,人们就会用更多的行动和语言来表现爱情。在逆境中的爱情,则会把表露爱意放大,在特定的环境里,爱情显得神圣而又伟大。

年轻人掌握六个要诀,让他对你爱意浓浓

每个人都希望自己的爱情能够每时每刻都保持甜蜜,就如同两个人掉进了“蜜罐”一样,心里每一刻都是甜的。但是有时候,爱情毕竟熬不过岁月,在刚开始热恋的时候,两人彼此都很迁就对方,会为对方着想。可是时间一长了,爱情就会进入一个疲倦期,两个人的感情在平平淡淡中磨合,在这个过程中有争吵,也有泪水;有埋怨,也有厌倦。彼此觉得爱情已经不像最初的那样甜蜜而又热烈了。怎么样能使自己的爱情如最初的时候那么甜蜜呢?你可以从以下六个方面来做好,只要你在爱情中巧妙地采用这样的方法,就能让你的“恋情”掉进蜜罐里。

1. 永远坚持做你自己

很多人在热恋的时候,心里会显得不够自信,总是害怕对方会离开自己。于是,在这样既冒险而又甜蜜的爱情里,会梦想着成为另外一个人,比自己更聪明、更可爱、更引人注目的一个人。其实,每个人都有自己独特的魅力,不管你爱上的那个人是谁,一定要坚持做你自己,因为你是世界上独一无二的,他爱上的也不是别人,只是你。你在盲目地去做别人的时候,已经丧失了你自己独特的魅力,只有做你自己,才能保持自己的本质,才会对他有吸引力。也许你只要多一点点自信,他就会牵着你的手,一直走下去。

2. 多为对方准备一点惊喜

每个人在心里都有最柔软的地方，只要你能时刻为他做一些事情，让他心里充满感动，那么你们的爱情还是会在感动中点燃激情的。在平时的生活中，多给对方一些惊喜，让他心里随时充满新鲜感，这对你们感情保持新鲜度也是很有必要的。在他生日那天，偷偷地把礼物准备好，然后放在不经意能发现的地方；或是事先不打电话给他，突然坐着车跑到他公司楼下见他；在外出旅行的时候，把写好的字条悄悄地放进他明天要穿的大衣外套里。这些都是很小的事情，却能在对方心中留下长久的感动。生活中处处充满了惊喜，也让你们的感情时时充满了甜蜜。

3. 不要放弃自己的工作

聪明的人在享受爱情甜蜜的时候，也很会享受自己的工作，并在自己的工作中，找寻到自己的乐趣。在工作中，你可以展现你的另外一种美丽，也可以在经济上保持独立。如果你没有属于自己的工作，天天围绕他转，不但自己会觉得无聊，对方也会感到厌倦。最重要的是，有一份自己热爱的工作，比拥有一段不稳定的感情更能给我们带来安全感。

4. 要有自己的朋友

每一个人除了爱人之外，都要有三五个朋友。这样，你在空闲之余还可以和朋友聊聊天、谈谈心，这能够为你在爱情之外带来一些新鲜感。你在他工作繁忙的时候，可以做些自己喜欢的事情，也可以和朋友喝杯咖啡，聊聊时尚、美容方面的话题，做个快乐的人。这比你无所事事甚至胡思乱想要强得多，当你见了朋友回来再看到他，你的心里就充满了愉悦的心情，这对于你们的感情保持甜蜜也是相当有用的。

5. 争吵的时候，要记得他的好

恋人之间，难免会发生争吵。有时候，越是相爱的两个人，越是容易产生误会。当你们出现矛盾的时候，请你想一想他对你的好，因为两个人在一起是因为相爱，而不是为了吵架。长久的爱情一定是两个人共同努力的结果，只要两个人能够互相谅解，生活总会好起来的。如果每个人都能包容对方的一些缺点，爱情之路会走得更加长远，你也将会永远是他心中深爱的人。

6. 不要抱怨，不要埋怨

有时候，我们生活中总是有一些不如意的事情，这时候，你不要抱怨对方，埋怨对方，要用积极的心态看问题。如果有一些解决不了的问题，只要两个人在一起，以乐观的心态看待，一切问题都会迎刃而解。每个人都希望看到对方微笑的样子，快乐是会传染的。如果你一味地抱怨，也会影响他的心情，这样就会使你们的感情产生一些矛盾。所以要保持一颗乐观、宽容的心，相爱的时候，一切都是美好的。所以，也请你以最美的姿态去爱他，让他和你快乐地度过每一天，让你们的爱情甜如蜜。

吵架也是增进感情的一种方式

有时候，爱人之间的吵架会让感情在争吵的硝烟中慢慢飘散，他们会因为争吵而伤害彼此的感情，最后使彼此的感情都变得十分的脆弱。而有时候一对爱人的吵架有时候会成为感情的“催化剂”，他们会在吵架之后，突然感情升温，彼此变得更加爱对方。英国最新的一项调查发现，如果吵架讲技巧，并且善用吵架“秘诀”，架吵得好，也许可以成为两人感情的催化剂，让你们的感情在经历了“冲突”之后，比以前更加稳固和坚实，这就需要每一位爱人掌握一些“越吵越爱”的技巧。

两个人在一起难免会出现磕磕碰碰的情况，更何况是两个思想和观念都不一样的人，有可能为了一些鸡毛蒜皮的事情就开始争执起来，互不相让，甚至大打出手。其实，两个人在一起，吵架是很正常的，也常常有人用这样的词语“打情骂俏”来形容情侣之间的爱意。即使在吵架的时候，我们也还是互相爱着对方，其实生活中偶尔吵架也是一种沟通。可能两个人在一起久了，我对你或是你对我都会有一些抱怨，会觉得这件事情你哪里做得不到位，或是我每次约会迟到都会让你觉得恼怒。而由于一件小事作为导火线，两个人都把对彼此的怨气发泄出来了。当我们彼此都说了自己对对方的抱怨之后，你才发现事情原来是这样，于是，我们哪里让对方生气的或是让他看不惯的，在今后的生活中就要改一改。并且，不失时机地表白一下你的爱意，让你们的感情更加稳固。

双方在一起时间长了，不可避免地会发生一些争吵，俗话说“床头吵架床尾和”，关键是在于掌握一些技巧，才能使吵架的时候不伤害感情，不会闹得两败俱伤，而是巧用吵架作为两人感情的催化剂，使得两人越吵越爱，越吵越亲，感情指数急剧上升，而这就需要注意以下技巧。

1. 要就事论事，不要翻旧账

两人在发生争吵时，你就会因为伤心而想起以前的很多事情，包括以前所受的委屈，他所有犯过的错，你都会忍不住拿出来。甚至趁此机会把他身上你看不惯的地方，一点一点地拿来数落一番，若还不解气的话，还会把他的朋友、亲人，哪个你看不顺眼的，也借机数落。其实，本来只是为一件小事争执，但是因为你的“乱开炮”，就会从他的身上扩展开去，牵扯到一大堆人。吵到最后，你几乎已经忘了最初的原因，憋了一肚子气：“算了，这日子别过了。”于是，战火愈演愈烈。

其实，两个人争吵的时候，不要把“陈芝麻”、“烂谷子”都翻出来，那样只会增加彼此的怨气，还不如就事论事，理智一点，你就会发现，一些小事情根本就不值得吵。

2. 吵架的时候切忌冷嘲热讽

有的人在吵架的时候就喜欢说讽刺的话：“我走了，你岂不是自由了吗？我也省得闹心。”这样的口气会更加激怒对方，讽刺的伤害是很大的。没有哪一个人能够容忍爱人对自己的嘲讽。所以，即便是争吵，也不可冷嘲热讽。你想表达什么，就直接表达好了，不要用讽刺的语气说话。

3. 争吵时不要冷战

冷战虽然不是很高明，但是所有吵架的人都会用。吵架后，他们选择不接对方电话，不给对方任何解释的机会，或是一气之下跑出家门。彼此都等着对方来道歉，看谁先低头，于是冷战成了一场赌博。其实，这时候冷战，冷掉的不是你们彼此的怨怒，而是你们之间的感情。不要企图用冷战的形式去惩罚对方，因为这同时也是在惩罚你自己。

4. 不要抢对方的话头

吵架的时候，彼此都是据理力争，有很多人总是不等对方把话说完，以为自己完全知道他想说的是什么，就会把话头抢过来，发表自己的意见。其实这时候，我们在对方说话的时候应该选择倾听，才能清楚地明白对方所要表达的意思，才能避免因为误解引发更大的争吵。

只要你掌握以上的技巧，就会让你们的吵架成为感情的催化剂。你会发现，当你们吵架之后，彼此更能理解对方，而且彼此感情也会越来越深。

把握爱情，让自己变成对方无法改掉的习惯

每个人在刚开始恋爱的时候，都会对彼此舍不得，哪怕是离开一天，都会充满了想念。那时候，正可谓“一日不见，如隔三秋”。可是，随着时间流逝，他对你产生了视觉疲劳，几天不见你，也不会主动给你打个电话来。这时候，你最初的魅力对他来说已经消失不见。怎么让他一直离不开你呢？有一个方法就是让他习惯有你，让他把你当作他生活的一部分，他就会离不开你。当他习惯有你了，如果哪一天你离开了，他就会觉得不习惯，就会不自觉地想起你。不管你去任何地方，他都会时刻惦记着你。所以，更好地把握自己的爱情，就要让他习惯你的存在。

如果你想成为他生活中的一部分，那么你就要把自己融入他的生活。最好的办法就是让他时刻感受到你的存在，感受到你的好。所以在平时的生活中，你就要表现出你对他的关心。每天要给对方打三通电话，早上醒来的时候，给他打一个问候的电话，用你悦耳的声音打消他的困意；如果中午没能和他共进午餐，要打电话给他，让他记得按时吃饭；晚上睡觉之前给他一个电话，聊聊你今天的工作以及所遇到的愉快的事情，然后互道晚安。如果你每天实在很忙，那也至少每天在固定时刻通电话，哪怕只是说一句“我想你”。除此之外，还要在他的生活上给予你的关心。周末的时候，为他准备一顿美味佳肴；每周固定的时间去他房间帮忙整理东西，把那些该清洗的衣服洗干净，整齐地晾好；当他的衣橱空了，就拉着他去逛一逛商场，把他的衣橱装得满满的。这样的日子要不断地重复，会加深你在他生活中的分量。如果你只是偶尔这样表现一次，他就会很快地忘记。

三个女人相约一起去旅行，她们刚下飞机，其中一个女人的电话就响起来了。另外两个女人羡慕地看着她："哟，这才离开多久啊，就打电话来了，真是舍不得你啊。"接电话的女人笑笑，电话那边传来一个男人的声音："亲爱的，我那件灰色的斜条纹衬衫在哪里啊？嗯……哦……那搭配那件上衣的领带我怎么没有看到呢？你放到哪里去了？……哦……晾在阳台上啊，嗯，我挂了，我上班要迟到了。"接电话的女人想起自己在家的时候，头一天晚上总是把他第二天要穿的衣服叠好，放在床边。她一边想着，一边和那两位朋友一起打车离开了机场，直奔她们预定的酒店。

中午，她们一边品味地方特色美食，一边说笑，正聊得起劲，那女人电话又响了，另外有一个女人不依了："我说我可要投诉了，你可不要在我们两个单身女人面前和你那位卿卿我我啊。"女人微笑着："行，跟他说几句就好。"电话那边一个男人无精打采地说"亲爱的，吃饭没有？今天早上没有你准备的爱心早餐，可把我饿坏了，你可得按时吃饭啊，别把自己饿着了。"

晚上，三个女人正要躺下睡觉，那个女人的电话又响了，一个女人马上爬起来："哎，你说你怎么那么有魅力啊，他的电话追个不停，跟我们说说，你是怎么让他这么离不开你的？"那个女人意味深长地说："你要成为他生活的一部分，要让他习惯你，这样，他就不会离开你了。"她开始拿起电话了。

聪明的女人总是在平时的每一天里把他照顾得无微不至，所以，在她独自一个人去旅行的时候，会引发他的不断想念。你的突然离开，会让对方感到生活中缺少了什么东西，心里空空的，他会意识到你在他生活中的重要性。当他习惯有你，你离开一天，他就会觉得自己的生活乱糟糟的，事实上，他已经离不开你了。在他心里，你已经是他可以依赖的人了。

第19章 爱情“保鲜”，让爱人更加重视你

每个人在甜蜜的爱情世界里，总会希望自己是他心中的唯一，甚至不切实际地希望整个世界只有彼此两个人。这样，没有任何人能把他抢走，也没有任何事情能分散他的心，自己是他唯一的中心，自己在他心中的位置永远是在第一位。但是，感情怎么能经得起时间的冲刷？当你在爱人的心中已经不是那么重要的时候，就要学会为自己的感情带来新鲜感：时刻让对方感到自己很重要；偶尔激怒对方，可以保持感情神经的敏感度；使自己保持神秘感，拥有永恒的吸引力；在恰当的时候示弱，打动他的心；在某些时候，比对方强一点点，让他不容易忽视你。这样，你又会让他重新开始重视你。

让对方感到你很重要，离不开的爱情更持久

每个人在刚开始恋爱的时候，彼此都十分依恋，每一分每一秒都恨不得将两个人捆绑在一起。那时候，自己在他心中永远是重要的，他几乎是推掉所有的活动，避开所有的朋友，甚至无心于工作，整日只围绕你一个人转。只要一听见你身体不适，无论多远，甚至跋山涉水，也只为见你一面；花整整一天炖好的鸡汤，也是为了看你喝下去；冒着风雨跑遍了整条街，只是为了给你买一个发夹。刚开始的时候，我们都为对方无尽地疯狂过，那时候，自己是他生活的全部。曾几何时，我们发现，自己在他心中已经不是那么重要，他总是有那么多的应酬，总是那么忙，忙得见一面都很难。这是为什么呢？

小李和男友在一起一年了，近段时间，她发现自己在男友心中的位置下降了。以前刚在一起的时候，男友整天围着自己转。自己有什么事情，只要打个电话，他立马就赶来了；现在白天打电话也没人接，之后总是说自己工作忙，小李正想反击："以前怎么没有见你有这么忙？"可是没想到，话还没有说出口，对方就挂了电话，传来一阵忙音。小李气极，马上打电话过去跟他吵起来，男友总是那一句："我很忙，你怎么就不能善解人意点？"

更让小李感到气愤的是，周末本来准备找他一起逛街的，可是一打电话，男友居然说自己现在和朋友到乡下去采风去了，没有时间陪她。

小李对自己的处境感到很苦恼，自己在男友心中已经没有地位了，难道是男友已经不爱自己了吗？

其实，有时候，他并不是对你没有感情了，而是在一起的时间太久了，恋人之间已经走进了一个很平淡的时期。恋人之间的新鲜感已经过去，他在工作之余也想和朋友一起出去过过四处游玩的日子。当我们的恋爱已经处于一个平淡的阶段，丧失了最初的疯狂和激情，他就不会挖空心思来表示你对他的重要了。这时候，就需要你适时地用自己的方法来向他表示你对他而言是异常重要的。

当你已经觉得自己在他心中的位置已经不那么重要的时候，不要去跟他大吵大闹，更不要去指责他。从他平时的日常生活下手，比平时更加关心他，把他的生活打点得无可挑剔，这样，他的生活就已经离不开你了。

如果他工作压力大，就为他减减压，在你们之间营造一种轻松、愉快的氛围：适时地讲讲你生活中遇到的趣事，让他觉得跟你在一起是轻松的，没有压力的；为他分担一些烦恼的事情，温柔地告诉他：你是他永远的港湾，坚强的后盾。

生活中，每时每刻都表现出你无微不至的关心：吃饭的时候，如果自己没能陪在他身边，一定要记得打电话告诉他，提醒他按时吃饭；每个周末，抽个时间一起吃顿饭，点几个他最爱吃的菜。他因为工作出差的时候，在他包里放些感冒药、治胃痛的药，告诉他自己没有在身边的时候，要好好照顾自己；每天至少给对方打个电话，哪怕只是说一句“我想你了”；不要总是追问他在哪里，不要打电话责骂他，把关心的话说给他，就先挂电话。

当他已经习惯你每天的关心，开始依赖你时，你的方法已经奏效了。这个时候，就应该是下一步计划的时候了。他已经完全依赖你了。你应该适时地消失一阵子，但是，时间不宜过长。或者跟几个好友一起出去旅游几天，或者是跟爸爸妈妈待上一阵子，或者是工作的需要出差几天。你会发现，你其实才走了一天，他的电话就接二连三地追来；你才下飞机，他就催你回去;甚至,他会忍不住偷偷地来找你。因为,你走了,他才发现自己的生活有了一个缺口,他才猛然意识到你对他而言是多么的重要。

我们要先努力地融入他的生活,付出无微不至的关心。让他习惯你、依赖你,然后我们再在合适的机会消失一会儿。这个时候,他就会感受到我们的重要性。

年轻人偶尔刺激对方,爱情中的神经不能麻木

两个人相处的时间太久了,虽然彼此很恩爱,却有说不出来的熟悉。就像有人说的,牵着爱人的手,就像左手牵右手。日子就是四平八稳地过着,相处的时候,总是感觉少了什么东西。有时候,我们彼此已经感觉到自己对他(她)好像不是那么重要了。可是,两个人感情还是那么好,有时候也找不到什么办法来改变自己的现状。有人说,有时候,爱情被时间打败了。难道真的是这样吗?其实不尽然,每一段感情都需要我们自己去努力,只要你愿意去尝试,就会让自己的感情神经开始敏感起来。

两个人刚开始相处的时候,我们总会因为太爱对方,而不愿意向他(她)生气。就连一句重话都不敢说,总是怕伤了他(她)的心。于是,我们愿意忍耐对方的一些坏脾气、缺点,甚至在怒火来的时候,还强压住。而当我们在一起了,又会习惯了他(她)的那些脾气,看不下去的,自己懒的看,有时候欲言又止,也懒得说。事实上,偶尔的生气,表达一下自己的想法,可以调节一下生活的平淡,发泄自己心中积累的怨言,可以加强两个人之间的理解和沟通,也可以保持彼此感情神经的敏感度。

阿杰和梅在一起有三年多了,两个人居然从来没有吵过架。原因在于阿杰的脾气太好了,什么事情都迁就着女友梅。梅是个家庭条件优越的女孩,从小被父母惯着,有一些大小姐的脾气,而阿杰从来就是顺着她。可是梅却觉得两个人这样待着不是这么回事,总感觉少了点什么。

有一次,梅终于忍不住了,她开始无理取闹,要起小姐的脾气。那段时间,阿杰正为工作的事情闹心。一开始,阿杰还哄着,劝着。到最后,阿杰也开始忍不住发怒了:“我的工作这么辛苦,你怎么就这么不体谅我?”梅哭着跑开了。

第二天,梅主动找到阿杰向他道了歉,两个人又和好如初了。

梅会认为他们两人之间少了点什么,其实就是另一种沟通。如果彼此都是平平稳稳的,倒像觉得是生活缺了点调味剂,感情的神经也开始松弛了下来。平时在两个人相处,偶尔激怒一下对方,既是另一种沟通方式,也是一种把自己的怨言说出来的发泄方式,而且能够增进彼此的感情,让原来比较平淡的生活变得有点色彩,无疑是件美事。但是,只是偶尔,却不能经常的发怒。偶尔的一次发怒能保持感情神经的敏感度,但是经常的发怒就会伤害彼此的感情。

有时候,我们都变得懒了。对自己的感情变得也不那么热心。这时候,就需要我们适时的有所改变。哪怕是故意地激怒对方,也会给我们的感情带来转机。以前,我们或者是对对方有不满的地方,但是因为爱他,所以一再的忍让,自己心里却憋屈着。这时候,何不释放出来?真实地说出自己心里的想法,或许短时间会惹对方生气,但是长远来说,却是一种感情的疏导。同时,也会让彼此的感情开始敏感起来,而不复往日的如白开水一样的无味。

太久没有波澜的感情就像是一潭死水,激不起半点波纹。我们何不向水里扔进一颗石子呢？学会为自己的感情找点兴奋剂，让不温不火的两个人重新开始燃起激情。偶尔的一次激怒，让对方觉得原来你还是很在乎他（她）的，他（她）也会重新开始重视这段感情，重新重视你。

当感情已经没有往日激情的时候，学会为自己的感情找点新鲜的东西。偶尔激怒对方，保持神经的敏感度，他（她）又会重新开始重视你。

有点距离更美，几分神秘感让你更有魅力

很多人都有这样的感觉，两个人在热恋的时候，总是充满了好奇和激情。可当两个人真正在一起一段时间之后，就会发现好像对方没有以前那么爱你了。这是为什么呢？因为当双方进入这个状态，就开始要求对方什么都向自己开放、坦白，不允许对方有隐私。这样一来你在对方的心里已经不再神秘，他（她）已经对你失去了探索的欲望。如果你已经没有了神秘感，那么你对他（她）的吸引力就会下降。因此，不要将自己的一切百分百地袒露给对方，要学会细水长流，时刻让自己保持几分神秘，保持永恒的吸引力，以提高对方的兴趣。

小王虽然已经和男友在一起两年多了，但是他们两个人的感情还是和刚开始的时候一样让人羡慕。她说这就是因为她时刻为自己保持一定的神秘感。

她向我们透露了一个让自己保持神秘的方法。她说：“不要因为爱对方，就过度限制对方。给他空间的同时，你才能拥有自己保持神秘的空间。”

小王是个相当聪明的女孩，她懂得保持自己的几分神秘，来使自己的爱

情时刻充满新鲜感。每个人天生就有很强的好奇心,越是不了解的事情,就越会给人一种神秘感,而神秘感就是一种吸引力。

给对方一个自由的空间,同时,你自己也拥有了一个神秘的空间。比如,不要随便查看对方的手机,也不要查看对方的聊天记录,除非他(她)愿意给你看。

另外还要时刻注意自己的外表。要懂得爱惜自己,自己有魅力,不但对他(她)有吸引力,自己也有自信,不是吗?不要因为和对方太熟悉了,就不注意形象,经常在他(她)面前表现得很邋遢的样子;要注意在合适的场合有合适的打扮,不要穿着睡衣满大街地跑;就算是你和他(她)的第一百次约会,也要盛装打扮,随时在他(她)面前展现你的亮点。

如果你对自己的身材不满意,就要学会通过健身来达到更好的效果。身体发胖了,通过锻炼绝对是可以瘦下来的,而且还有点小小的肌肉,皮肤也会变得很紧绷,有弹性,整个人也会变得精神起来,每个人都希望自己的另一半是非常有魅力的,这样,你对他(她)也是十分具有吸引力的。

同时要为自己的神秘感填充新的内容。神秘感也不是固定不变的,它需要不断更新,才能一直保持神秘,这就需要靠自己不断地学习,用知识和智慧来充实。如果你仅仅是徒有漂亮的外表,而没有丰富内在的修养的人,那么往往只能够使人在感官上取悦一时,一旦与对方相处时间长了,由于知识贫乏、思想没有深度、缺少神秘感,便很快失去吸引力。所以,要在平时多看些提高自己内在气质的书籍,多吸收一些外面的知识,来保持自己独特的魅力。

不要总是依赖他(她),要独立一点。不要总是求着他帮这帮那,时间一长,他也会厌烦起来。自己能办的事情要亲自去办,这样不但能锻炼自己的能力,还可以让他刮目相看,原来,你还有这么独特的一面。和他没有关系的事情，就不要跟他说，自己一个人去做。他也会惊叹：你怎么有这么多的想法？让一个人对你充满好奇心，就是让他摸不透、搞不懂。长此以往，他（她）就会觉得你总是那么神秘，而你对他而言，总是有无限的吸引力。

适时示弱，你的柔弱更打动对方的心

两个人在一起，总会遇到意见不合、想法不一致的时候。这时候，彼此双方都觉得自己是正确的，谁也不想让别人来控制自己的行为。两个人会为一些事情起争执：小到穿什么颜色的衣服，在哪里去吃饭；大到工作的方向，房子的选择。这些看起来很琐碎的事情，都会在无形中影响我们的感情。怎么样来减少彼此的争执？怎么样让对方愿意按自己的想法来做出决定？那就需要我们适时地示弱，来打动他的心。

当遇到意见不合的时候，我们都像针尖对麦芒一样，互不相让，那么彼此心里就会受到伤害。学会在恰当的时候示弱，引起他心里对你的疼爱，才能够打动他的心。世界上最难得到的人心，而最易打动的也是人心。每个人在心里深处都有最柔弱的地方，只要你触摸到他的内心深处，再铁石心肠的人也会被打动。

在恰当的时候示弱，更多的是表现在智取而不是蛮争。很多时候我们会突然发现，由于种种原因，两个人陷入了某种僵局。这时候，两个人彼此都很生气，你说你有理，我说我有理，互不相让。如果继续下去，就会愈演愈烈，甚至不可收拾。如果你在这个时候向对方示弱，引起他的怜悯之心，那么，就会适时地把场面控制住。你的示弱打动了他的心，这从另外一个角度讲,你已经取得了胜利。

两个人在一起,发生矛盾是常有的事情。适时地向他示弱是一种智慧的表现,示弱并不是妥协,而是一种理智的忍让。俗话说:退一步海阔天空。有时候,正是因为你合适的时候向他示弱,结束了一场争执,也打动了他的心。其实,示弱也不是弱者的表现,而是为了更好、更坚定地在他面前站立。当你示弱的时候,你柔弱的样子激起了他想保护的欲望,同时引起他的怜爱之心,让他会忍不住心疼你。他知道如果他再坚持下去,就会显得一点都不怜香惜玉了,这时候,他一般都会大度一点,把原本属于他的胜利让给你。

有时候,学会在恰当的时候示弱,是为了打动他的心,为了取得自己在这场争论中的胜利,也是为了彼此在意见不合的时候多一点和谐,少一点争执,从而保全两个人的感情不受伤害。

在某些方面表现强一点,赢得对方的重视

彼此在一起久了,由于太熟悉的缘故,双方对感情变得淡然起来。感情既说不上好,也说不上坏。两个人相处久了,连吃个饭都是按部就班,显得毫无新意。更糟糕的是,他好像已经在渐渐忽视你了,而自己反观自身,好像也没有什么出彩的地方。而且好像处处不如别人,于是,自己也变得不自信起来。

有的时候,我们的另一半可能各方面都很优秀。他可能有着漂亮的外表,学识又好,又有自己稳定的事业,而且难能可贵的是,待人处事也很让人喜欢。跟他们比起来,我们只是相貌平平的丑小鸭,既没有多高的学历,工

作又不是正式的，而且平时也显得傻傻的。所以，在他面前，总是显得很自卑。如果我们一直自卑下去，就很容易被他忽视。那么，在某些方面，我们总是能比他强一点点的，这样，他会重新来看待我们，并且会对我们刮目相看。

大家都知道，王姐的爱人很优秀：一表人才，名牌大学研究生毕业，在让人羡慕的城市最高大厦里面上班，拿着高薪，平时见人总是彬彬有礼，面带微笑。王姐是一个普通的大专生，自己经营了一家店铺，人倒是长得很漂亮。

平日闲谈之下，王姐对自己好友坦然说："其实，他是一个相当优秀的男人，在他面前，我只有自卑。可是，有时候，我觉得他离不开我。虽然他事业上是那么的成功，但是他一点儿也不会照顾自己。他不会做饭，不会洗衣服，甚至不懂得搭配衣服，而这些，我都是很拿手的。所以，在他心中，我还是蛮重要的。可能，有时候，两个人就是这样吧，是你我在相互补充。"

王姐虽然是在说她的感情，但是所有的爱情都可借鉴。两个人在一起本来就是一种互补，你可能在很多方面都不如他，但是你要保证，总有那么一方面，你是比他强一点点的。如果你事事都不如他，那么你就有必要做一些改变，因为，你要在某些方面比对方强那么一点点，才不会被他忽视。

如果他学历高但是却沉默寡言，那么你就要比他会说话，比他会交际。这样，在你们两个一起出去参加聚会的时候，你就会为他的不善言辞解决不少尴尬，那么，当他意识到你的这个优点，他就会在下次聚会的时候想起你，并且会热心地邀请你一同前往。

如果他一表人才，却是个家务活什么都不会的人，那么你就要会干活。周末的时候，在厨房为他做一顿色香味俱全的饭菜，然后把他的脏衣服洗干净，把他的"小窝"也收拾得有条有理。那么，他就会对你感激不尽，对你感情上又多了几分依赖，当他饿的时候就会想起你的好处来。

他虽然是在市里最高的写字楼上班，却是一个天生对色彩不感冒的人，而且是连领带都不会买，更别说是挑衣服了。所以，你就要学会打理他的衣柜。就算是自己不会，也要慢慢学会怎么搭配颜色，怎么穿衣打扮。把这些学会了，不但把他的衣柜打理好了，还可以让自己变得光彩照人起来。那么，他在不确定自己该穿哪件外套的时候，一定会想起你来，并且乐意打电话向你请教。

你要记住，无论他在你面前有多优秀，你也要在某些方面比他强一点点，哪怕只是一方面，永远比他强一点点。让他知道，你也有自己的能力，也有自己的比较优势，那么他就无法忽视你的存在，他会为了你擅长的那一方面向你表示钦佩，并会不时地向你请教。这样不仅能增加你们之间的交流，增进你们之间的感情，还会让他对你另眼相看。

第20章 展现魅力，让爱情具有持久的吸引力

爱情往往是美好而又甜蜜的，它常常把人们带进一个奇异的世界，那么如何让你的爱情无往不利呢？在爱情的世界里，要持之以恒地用一颗理解的心去爱，去包容他所有的对和错，你不仅仅是做他的爱人，更重要的是做他的“贴心情人”；学会为你们的爱情注入保鲜剂——甜言蜜语，也会让你们的爱情长久不衰；面对异性的追求的时候，要矜持一点，保持一点距离，因为太容易得到的往往不被珍惜；爱情也需要时刻保持甜蜜，不吝惜自己的微笑和体贴，让爱情保持最初的温度；在爱人面前，不要默默无闻，敢于展现自己独有的魅力，为你获得更多的好感。

年轻人巧妙展示自我，可以赢得对方的好感

在爱情交往中，要适时地进行自我展示，展示你的美丽、谈吐、个性、性格等，充分展现自我的魅力，可以快速提高你的好感度。自我展示对于女人来说，是在交际中的发展人际关系的基本；而对于男人来说，则是建立亲密关系的需要。所以，在两个人交往中，不要去隐藏自己，要善于展示自己，对方才能够感受到你的魅力，才能够对你产生好感。女人在人际交往中，总是在通过在自己的外形上花心思来进行自我展示，或是穿着艳丽，或是妆容得体，或是满脸笑容。她们对自己外表的装扮，使她们高贵、典雅、优雅、迷人，这样就在人们面前留下了较为深刻的印象，也提升了他人对自己的好感度。而男人一般在公共场合，是善于用自身所拥有的某种权力来使自己的身份得到展现，他们不会花太多的时间来自我展示，除非是为了和谁建立亲密关系。在与异性的交往中，善于展示自己，就会为你博得不少好感。

每个人在与异性的交往中，总是希望自己能够获取对方的好感，这样才有可能使彼此的关系更进一步，达到交际的目的。如果你仅仅是坐在那里，不懂得展示自己，那么他在对你一无所知的情况下，就不会对你产生好感。当你出现的那一刹那，能够展示你自己的是你的外表。与异性见面，每个人都会花很长的时间去打扮自己，特别是女性。自己的外表要适当，女性穿着要端庄得体，妆容清新淡雅；男性要选择合适场合的正装或者休闲装，不能太过随便，适合自己的打扮会更好地彰显出男人的魅力。除了在外表上展示自己以外，还要在谈吐、礼仪上展示自己。谈吐大方得体，不要随便乱说

话，这样既不会让他有轻浮、不快的感觉，又能通过话语把自己的魅力展现出来。两个人可以通过交谈，展示自己的温柔、宽容、善解人意，也可以展示自己渊博的学识、不俗的谈吐、优雅的举止。这些你自身的魅力，都可以通过交流展示出来，获得他人的赞赏和喜欢。一个人要懂得展示自己，否则就会给人一种可有可无的感觉。如果你没有在自身的装扮上下工夫，而又沉默着不说话，你的魅力就会黯然无光，就会让人对你丧失继续交往的兴趣。

孙先生第二次与苏绣见面是在一家温馨的中餐厅，孙先生比约定的时间早到了一点点，他选了靠窗的一桌，并且坐在那里可以直接看见门口。这样，苏绣来的时候，他就可以清楚地看见她了。

远远地，他看见苏绣来了，他站起来向她招了招手，苏绣穿着一袭长裙缓缓地走过来。孙先生走到对面，体贴地为苏绣拉开了椅子，苏绣微笑着颔首表示感谢。开始点菜了，苏绣把菜单给孙先生："还是你来吧。"孙先生接过菜单，他记得第一次见面的时候，苏绣说了自己最喜欢吃的菜名。于是，孙先生完全按照苏绣的爱好，点了适宜的菜。苏绣看孙先生这么体贴自己，心里很受用，也不再对孙先生沉默不语，而是寒暄了几句。

菜上桌了，在上最后一个菜的时候，一位服务员脚下一不小心滑了一下，那一大盆水煮鱼就往苏绣这边倾洒了一些，惊得苏绣站了起来。油渍溅在了长裙上，还有几颗溅在了裸露的皮肤上，肌肤周围立马红了起来。孙先生有点慌张，但还是拿起了纸巾为苏绣擦了擦油渍，面对旁边服务员的连连道歉，苏绣没有说什么，只是微笑着："没事，下次小心点吧。"孙先生朝着窗外看，发现对面有家药店，于是低声对苏绣说："你先吃着吧，我出去一会儿。"苏绣还没有来得及回答，孙先生就大步走出去了，苏绣透过窗户看见孙先生朝对面药店飞奔而去，心里不禁有些感动。

在孙先生和苏绣的第二次约会中，孙先生的体贴、关怀都展现得恰到好处，特别是最后为了给苏绣买药而走出餐厅时，无疑获得了苏绣的好感。而苏绣在面对餐厅服务员的连连道歉，并没有加以责备，而是宽容地表示“没有关系”。他们都懂得在对方面前展示自我，这就在对方面前留下了好的印象，一下子就拉近了彼此的距离，并且提升了自己的好感度。

如果你正在恋爱，那么就要学会在爱人面前展示自己，展示自己的体贴、关怀，展现自己的爱意；如果你是单身，那么当你遇到你心仪的人时，也要学会展现自己，展示自己独特魅力，展示自己的气质、风度、谈吐。这些都会使你的好感度一下子提升，并且使你的爱情无往不利。

爱情中需要体贴和微笑这点润滑剂

爱情，因为两个人彼此相爱而甜蜜，但是爱情有时候也会因为出现矛盾而带来痛苦。发生在爱情世界里的争吵，往往就是因为不被理解。两个人在一起，总是存在着不同的差异，或是价值观的差异，或是性格上的差异，或是思考方法上的不同，这些都有可能使两个人出现冲突。这时候最需要的就是彼此的理解和宽容。一个体贴的举动，一个温馨的笑容，都可以为你的爱情增添一些甜蜜。当你的另一半处于失意或是遭遇变故的时候，学会用一颗理解的心去对待。他在遇到一些问题的时候，唯一希望的就是能够得到你的理解，因为爱情的力量往往能够让他重新站起来，重新对生活充满信心。所以，不要吝惜自己的微笑，也不要吝啬自己的体贴，学会在爱情里给予对方一些体贴、微笑，会让他对你充满感激，也会让他更加爱你，同时让你们的爱情更加甜蜜。

微笑和体贴是爱情中不可缺少的润滑剂。生活中，一个陌生人的微笑都会让你心情变得愉悦起来，更何况是面对爱人的微笑。你的微笑往往会让他充满对生活的信心，充满挑战困难的力量。当你在早上醒来，第一眼看见对方，就试着给对方一个灿烂的微笑。你的微笑就像是冬日里的暖阳，让他感到温暖，让他感到你的爱意。如果你在他上班之前，给他一个微笑，或许这一天他都会为了你这个微笑而努力工作。当他下班回来，诉说他遭遇上司误解的时候，你要体贴地安慰他。不要因为他回来怒气冲天，你就马上和他拉开战火，这无疑是火上浇油，最后只会伤害两个人的感情。学会体贴地照顾他，如果他心情不好，就陪他说说话，让他把心里烦闷的事情说出来，为他分担一些烦恼。或是陪他出去走走，或是用自己体贴的话来安慰他。一个人如果在外面受了压力，回到爱人身边就希望在爱人那里得到理解，得到力量。所以，给他一个理解的微笑，体贴地为他分担一些忧愁，会让你们的爱情少一些战争，多一些甜蜜。

王小眯最近工作压力比较大，才拜访了个大客户，可是花了整整一周的时间还是没有搞定。王小眯整天处于极度压抑中，今天的策划案才拿过去，马上又被否定了，她连死了的心都有了。在办公室憋着满肚子的气坐了一下午，终于等到下班了。

到了家门口看见屋里透出来的灯光，她就知道老公已经回来了。于是，她直接按起了门铃。门拉开了，露出了满脸笑容的他：“哟，回来真早咧。”王小眯没有好气地看了他一眼，老公马上从身后体贴地为她拿出了一双拖鞋。王小姐满脸不快地来到客厅，一屁股就坐下去了，嘴里只喊：“气死我了，气死我了。”老公阿伟马上倒了茶递过来：“出了什么事？先喝喝水，压压惊，饿坏了吧，今天我亲自下厨犒劳你，你好好休息一下。”王小眯有点好奇：“你做什么犒劳我?”阿伟有点神秘地说：“一会就知道啦，你先坐着吧，别进厨房偷看哦。”临走的时候,他还不忘警告一句:“千万不要哦。”王小眯听了,忍不住嗔怪:“谁会看你啊,稀罕?”但还是笑了。

当王小眯怒气冲冲地回来,阿伟并没有过多地去指责她的生气举动,而是表现出自己的体贴,开门的时候面带笑容,为她递上拖鞋,还倒了一杯水给她,让她消消气。为了不让她的情绪蔓延,阿伟决定亲自下厨做饭,这样就适时地控制住了王小眯的怒气,让她转怒为喜。

一个微笑的爱人,一个体贴的爱人,他们都会把自己的理解和宽容最大限度地给予对方,来使自己的爱情保持甜蜜。无论是在他最困难的时候,还是在他工作压力大的时候,我们都要学会给对方一些体贴的问候,一个体贴的举动、一个灿烂的笑容、一个充满爱意的眼神,都会把你的理解和宽容传达给对方,也把你的爱传达给对方。让你的爱情处处充满了甜蜜,想让你的爱情永远甜蜜,就要在爱情里使用“微笑、体贴”这样的润滑剂。

爱他也要为自己保留几分,让他更珍惜你

生活中人们都有这样的感受,如果是你辛辛苦苦赚来的钱,哪怕是每一分钱,你在用的时候都会觉得很谨慎;而如果是意外之财,是捡到的钱,你就会毫不犹豫地用掉它。这就是人们都知道的一个道理:太容易得到的东西,往往不被珍惜。也许人就是这样,容易得到的东西就不会去好好珍惜。很多时候都是这样,在人们所追寻的欲望中,他们常常会认为得不到的永远是觉得最好的,然而越是容易得到的往往就越不会珍惜。感情也是一样的道理,人们对于那些太容易得到的或是送上门来的感情,通常都是不屑一顾

的，在他们看来，没有感受追寻的过程就得到的感情，往往是廉价的。

每个人总是想追求自己喜欢的那一位，而且他们觉得过程越辛苦就越难忘，越是不容易得到，就越能挑起他们心中的渴望，所以他们总是在那若即若离的感觉中备感痛苦，也备感兴奋。如果是唾手可得的，就会觉得不在乎，没有经过辛苦的过程，所以就是连最后的结果也是不在乎的态度。就像是在电视或小说里面，男女主角动人的爱情总是经历了风雨和坎坷，最后才会有圆满的结局。如果你们开始就在一起了，又怎么会让你记忆深刻，如果爱情没有明显的阻碍，没有经历风浪，又怎会感动人呢？没有在感情上经历挫折，太过顺利就得到的爱情，就会让人觉得幸福是理所当然的，所以就不加以珍惜了。一个人在遭遇爱情的时候，你一定要记住“太容易得到的往往不被珍惜”，所以，学一点欲擒故纵的技巧，适当地给自己保留一些，这样才会让人更加珍惜你。

一个长年喂养猴子的人，不是将食物好好地摆在那儿，而是费尽心思将食物放在一个树洞里，猴子很难吃到。正是因为把食物隐藏起来，猴子吃不到，它反而想尽了办法想要去吃。猴子整天为了吃而琢磨，后来终于学会了用树枝把东西从树洞里掏出来。有人看见就觉得很奇怪，对养猴子的人说，你不该如此喂养猴子。

而养猴子的人却说，猴子对现成的食物是很没有胃口的。平时，你真给猴子摆在面前，它连看都懒得看，它根本不会去吃。只有你用这种办法去喂它，让它很费劲地才能够着吃的，它才会去吃。

聪明的养猴人善于从日常生活中去发现道理，不能“好好”地喂养他们的动物，要让它觉得有点费劲，学会去自己“够”东西，只有经过努力得到的东西，才是好东西。人对于自己的感情也是一样，不费吹灰之力就能得到的爱情，往往是不被珍惜的。所以，就算对方也是你比较中意的人，那么也适当地给他一些阻碍，不要轻易就把自己的心交给对方，要学会提升自己的价值，这样你才会在爱情里备受珍惜，并赢得自己的爱情。

在日常生活中，遇见一个让你心动的人，而且他也对你怀有好感，这时候不要急于去表白自己的心迹，不要把自己陷于一个被动的境地。你的主动会让他觉得丧失了挑战的欲望，也会让他觉得这样的感情来得太顺利而不会加以珍惜，你在爱情中就完全处于被动的境地了。在对方追求的过程中，学会适当给他一些阻碍，给他一些距离，给自己多一点矜持，激起他挑战的欲望，这样才会使你的爱情无往不胜。当你无所欲无所求地对某一个人好的时候，当你一门心思地爱着某一个人的时候，一定要记得：越容易得到的，越不会被珍惜。每个人的爱都不应该是廉价的，如果你一门心思地付出，换来的只是他的冷落，那你付出的爱对于他来说就是不在乎的。

你在爱一个人的时候，也要留一点来爱自己。永远不要满腔地对一个不懂得珍惜你的人付出你的爱，你的一味付出只会让他觉得这是理所当然的。所以，为自己保留几分，也是为了激起他心中想战胜的欲望，提升自己的“价值”，给别人一点挑战。不要让人觉得你是唾手可得的，这样不但能为自己的爱情增添一点激情，也会为自己的爱情增加一点甜蜜。

甜言蜜语让爱情的保鲜期更持久

两个人在一起久了，爱情已经丧失了最初的激情和浪漫，剩下的就只是平淡的生活，那些看似平淡的日子就如同一只只会织网的蜘蛛，在爱情里织起一缕缕的蜘蛛网。于是，爱情的世界突显荒芜，男人觉得她越来越婆婆妈

妈了，女人会觉得他越来越不解风情了。其实，爱情是需要保鲜的，只有让爱情保鲜，你们的爱情才会更加长久。而“甜言蜜语”就是最好的保鲜剂，它可以使你们的爱情时刻处于浪漫的世界里，也能让你们的爱情随时随地展现耀眼的光芒，同时还能让你的爱情像掉进“蜜罐”里一样，充满了甜蜜。美好的爱情往往是不可能缺少“甜言蜜语”的，所以，如果你愿意，就请花点心思说点甜言蜜语，讨好你喜欢的人吧！因为这是爱情长久不衰的法则。

每一个在恋爱中的人都喜欢听爱人说一些甜言蜜语，尽管他们在心里承认，那些所谓的甜言蜜语也只是表面上的，只是用来哄人的，不会有太大的价值。但是每个人的心里还是受不了虚荣心的诱惑，那些看似毫无实际意义的情话，却能够满足他们心里对爱情的渴望。有的人会觉得，如果爱人不会说一些甜言蜜语，那么爱情就会变得寡然无味，生活也显得死气沉沉的。有的人在听不到对方的甜言蜜语的时候，就会无端地怀疑“他还爱我吗”，这时候，你不要去怪他的胡思乱想，而是要反省自己的言行。特别是一些女人，她们在爱情里总是显得没有安全感，如果好久没有听到“我爱你”的告白，她就会觉得“他不爱我了吧”。所以，作为一个爱他的男人，就要花点心思去照顾女性敏感的心理，对她说一些甜言蜜语，满足她渴求爱的心理，给她一剂安定药，她就会相信原来你是爱她的。

最近，苏木爱上一个比她大8岁的男人，他风度翩翩，性格开朗，连走路都喜欢哼着歌。苏木家里的人都反对，可是苏木却毅然与前男朋友分开，与他走到了一起。那位男人吸引他的就是那些深情款款的话语。那些甜言蜜语让苏木感受到爱情的美好，而苏木的前男朋友则是一个榆木疙瘩，看起来木木的，一点儿不解风情。更不会对苏木说那些甜言蜜语了。

他说，自己是一个孤独寂寞的男人，但是现在他拥有了苏木，就拥有了一切。他对苏木说，你是我生命中的太阳，你是上天派来的天使。说得苏木热泪盈眶，愿意放弃一切跟他走。那位男人懂得在适时的时候，对苏木说一些甜言蜜语，顿时让苏木觉得跟他相爱就拥有了整个世界。

在爱情的世界里，特别是女人，她们往往是充满感性的。爱情在她们眼里都是浪漫的，没有哪一个女人会受得了甜言蜜语的攻势，所以“甜言蜜语”也是男人们在追求女人时必用的招数。但是男人在得到她以后，却觉得“甜言蜜语”不需要了，彼此都已经在一起了。其实这往往是错误的，那些感性的女人喜欢听甜言蜜语，她们会认为那些情话听一辈子也是不会厌倦的。所以，男人们，为了保持你们爱情的甜蜜，费点心思对她说一些甜言蜜语，这会成为你们爱情保鲜的法宝。

并不是女人才喜欢听甜言蜜语，有时候，男人也喜欢自己的爱人对自己说一些情话。爱情的魔力就在于此，在乎他，欣赏他，就要说出来。这会让他心里充满了爱情的甜蜜和幸福。每个男人都是虚荣心极强的，女人不要吝惜自己的赞美和欣赏，多说一些漂亮的话，会让他更加有魅力；而女人是需要哄的，男人不要怕花时间，要学会对她说一些甜言蜜语，那些话可以哄住她一辈子。让彼此的爱情甜蜜幸福，让自己的爱情长久不衰，让两个人的爱情随时保鲜，那么你就要学会对他或她说一些甜言蜜语。

爱人也应该是“情人”，爱情才会更长久

在恋爱中，你不仅仅是做他的爱人，还要做他的“贴心情人”。让他无时无刻不感觉到你的存在，当他心烦时，你要打个电话安慰他，或是陪他出去散散心，或是逗他开心；当他在工作时，你要安静地待着，不要打扰他，让他

心烦；当他累了，你要陪在他身边，给他送上一杯绿茶，缓解一下疲惫。做他的爱人，就不要经常大发脾气，不要无理取闹。你要时刻以一颗宽容、理解的心去对待他，让他随时感受到你的贴心。你的每一个动作、每一个眼神、每一句话，都要到达他的心坎里。他才会感到你的贴心，每个人都希望爱人能够做自己的“贴心情人”，因为那不仅仅是一个恋人的理解，更多是情人的贴心。任何时候都不要给对方压力和负担，那会让他喘不过气来。为他多分担一些焦虑、忧愁、烦恼，永远做他的“贴心情人”，让你的爱情充满美丽。

每一个人在恋爱的时候，都不要把自私带进爱情里，因为心中有爱，所以你为了爱情所做的一切付出都是无私的。无论你为他付出了多少，都是你心甘情愿的，所以也不必感到委屈。如果他因为自己的工作、事业对你有所亏欠，你也要学会包容、理解。只有你的包容和谅解才能让他感受到贴心，也才会让他更加爱你。爱情不是斤斤计较，更不是无理取闹，爱情本身就是一种对人的无私付出。做一个贴心的情人，时刻用理解的心去包容他，让他觉得你是个贴心的爱人。当他因为工作忙而没有时间陪你时，你要学会自己打发时间，并且在适当的时候，打个电话问候一声“多注意身体”；当他遭遇困难的时候，要陪着他渡过最艰难的日子，彼此相濡以沫，会让你们的爱情战胜一切困难；当他因为一些失误造成工作上的损失时，要学会谅解他，你的善解人意往往比横加指责的效用更大。爱有时候很简单，并不需要高深的学问，爱是互相传递，也是互相渗透，爱更是一种付出不求回报的感情。在爱情里，千万不要刻意去苛求或索取回报，要学会用心用爱用情去感动他，更让他感觉到你的贴心，更让他容易感知爱的力量。

永远做他的“贴心情人”，就是时刻用你的谅解去宽慰他的心。你在以下几个方面做好，这样你就可以永远做他的贴心情人了。

1. 了解他内心真实的感受

当两个人在一起的时候，你要了解他的真实感受。是开心还是生气？是舒服还是不安？是平淡自在还是压抑烦躁？只有你在了解他真实想法的时候，才能够做他的贴心情人。如果他处于烦躁的心情中，那么你就要陪他说说话，把他的注意力转移到其他事情上去，把他从烦恼中拉出来；当他处于开心的时候，你也要陪着他开心。

2. 思想跟着他走

你的思想一定要跟上他的步伐，无论是什么时候，你都要知道他在想什么，还需要什么，他每天在关心什么。如果这些天他在焦虑工作上的事情，你可以体贴地为他分析一下情况，为他出出主意；如果他在资金上需要一些帮助，你可以主动提出把自己一些闲散的资金拿给他去做一些投资；如果他这几天在关注世界杯，那么你可以在他下班之前就为他打开电视并且锁定频道，晚上陪她一起看看球，虽然你不是很懂，但是他喜欢，你也会坚持看下去。

3. 切忌互相猜疑，多一些赞美

两个人在一起，要将心比心，学会换位思考。要多赞美，少打击，来自爱人的赞美往往比其他的赞美更加让人感到满足，而爱人的打击也是最有杀伤力的。所以，不要吝惜自己的赞美之词，多给予他一些你的欣赏，会让他感到愉悦。不要互相猜忌，一定要持之以恒去爱，去包容对方的对或错。当两个人不在一起的时候，即使你想了解他的行踪，也不要过细地去追问。你要先告诉他，你一天都做了些什么，和谁在一起，那么他也会主动向你表明他的行踪。两个人互相坦诚，才能让你们的爱情更持久，更甜蜜。

参考文献

[1] 吴文铭.受益一生的心理学启示[M].北京:中国纺织出版社,2008.

[2]成果.心理学的诡计[M].北京:中国纺织出版社,2010.